국어 선생님
독일 가다

국어 선생님, 독일 가다

첫판 1쇄 펴낸날 2025년 1월 3일

지은이 강혜원·계환·강현수
그린이 주노
발행인 조한나
주니어 본부장 박창희
편집 박진홍 정예림 강민영
디자인 전윤정 김혜은
마케팅 김인진 김은희
회계 양여진 김주연

펴낸곳 (주)도서출판 푸른숲
출판등록 2003년 12월 17일 제2003-000032호
주소 경기도 파주시 심학산로 10, 우편번호 10881
전화 031) 955-9010 **팩스** 031) 955-9009
인스타그램 @psoopjr **이메일** psoopjr@prunsoop.co.kr
홈페이지 www.prunsoop.co.kr

ⓒ 강혜원·계환·강현수·주노, 2025
ISBN 979-11-7254-537-6 44980
      978-89-7184-390-1 (세트)

국어 선생님 독일 가다

강혜원·계환·강현수 지음 | 주노 그림

푸른숲주니어

차례

잠시 좌절한 청춘과 함께, 독일로!

나에게 독일은 무수히 많은 얼굴로 다가온다. 가장 먼저 떠오르는 건 '라인강의 기적'. 전쟁의 폐허를 딛고 일어난 나라라는 의미다.

그다음으로는 작곡가들이 생각난다. 청력 상실이라는 역경을 이겨 내고 〈운명 교향곡〉을 작곡한 베토벤, 오스트리아인이지만 주옥같은 독일 가곡들을 작곡한 슈베르트. '거울 같은 강물에 숭어가 뛰노네!', '성문 앞 샘물 곁에 서 있는 보리수', '저녁 빛이 찬란하다 로렐라이 언덕!'……. 와, 정말 많이 불렀다.

그 외에 음악의 아버지 바흐도 있으니, 독일은 그야말로 음악의 나라인 셈이다.

어디 그뿐인가?《신데렐라》,《라푼젤》,《빨간 구두》,《잠자는 숲속의 미녀》,《백설 공주》……. 전 세계 어린이들의 마음을 사로잡은 수많은 동화의 고향이 아닌가.

좀 더 나이 들어 문학소녀 시절에는 전혜린의《그리고 아무 말도 하지 않았다》를 읽으며 뮌헨의 슈바빙 거리를 상상하곤 했다. 물론 헤르만 헤세의 소설《데미안》도 읽었다. 아, 그리고 루이제 린저!《생의 한가운데》였던가? 삶에 대한 열정을 불태우는 주인공 니나를 보면서 나도 그렇게 불꽃처럼 강렬하게 살고 싶었다.

그것만이 아니다. 유럽을 변화시킨 구텐베르크의 인쇄술, 상대성 이론을 정립한 아인슈타인의 고향, 그 밖에도 과학 시간에 얼핏얼핏 들었던 여러 과학자들……. 그리고 보면 독일은 과학 기술의 나라이기도 하다.

그와 동시에 독일은 그 이면에 어두운 얼굴을 지니고 있다. 인류 역사에서 가장 커다란 범죄를 저지른 히틀러! 어린 시절에《안네의 일기》를 읽으며 얼마나 슬퍼했는지 모른다. 또, 독일은 우리처럼 분단의 세월을 견딘 나라이기도 하다. 결국엔 베를린 장벽을 허물고 통일을 이루었지만.

독일로 떠나게 된 제일 큰 계기는 바로 아들 환이와 조카 현수의 입시 실패였다. 환이는 대학 입시에서 자기가 기대한 만큼의 성과를 내지 못했다. 내신 관리와 생활 기록부, 수능 성적, 이 모든 것을 두루 갖춰야 안심할 수 있는 대학 입시에 다소 안일하게 대처했다. 초등학생 때 학원은커녕 그 흔한 학습지 한 번 안 하고, 시험 전날조차도 가족들이랑 놀러 다니다가 "내일이 시험이네."라고 하던 아이와, "시험이 별건가? 그냥 배운 거 잘 아는지 실력 확인하는 거지, 뭐."라며 성적에 아랑곳하지 않던 부모는 환이가 중학생을 지나 고등학생이 되도록 입시의 아수라장을 잘 실감하지 못했다.

또 한 명의 청춘! 명석한 두뇌를 지닌 덕에 사교육의 혜택 없이 혼자서 공부해 버젓이 과학고에 진학한 조카 현수. 막상 고등학교에 입학하고 보니 선행 학습으로 일찍부터 탄탄하게 무장한 친구들을 따라가기가 힘에 부쳤다. 과정보다 결과를 눈여겨보는 대한민국의 대학 입시 앞에서 조기 졸업은 애저녁에 물 건너가고 허망하게도 다음 해를 기약해야 했다.

"얘들아, 숨 한번 돌리고 오자. 세상을 더 넓게 보고 오자. 좁은 우물 안 개구리에서 벗어나 보자."

독일로 떠나는 한 명의 국어 교사와 두 명의 수험생 마음은 독일의 다양한 얼굴처럼 복합적이었다. 무기력한 좌절감과 다시 일어나야 한

다는 부담감, 가슴속에서 차오르는 두려움, 지난 시간에 대한 반성, 그러면서도 다가올 미래에 대한 낙관, 이 모든 것이 한꺼번에 소용돌이치고 있었다.

어쨌거나 환이와 현수는 이 여행의 동기를 제공한 사람들이었고, 길잡이였고, 아이디어맨이었다.

환이는 내성적이고 침착하다. 움직이는 걸 좋아하진 않지만 음악을 사랑해서 틈만 나면 피아노를 친다. 영국 팝의 역사를 두루 꿰고 있다. 컴퓨터 게임을 좋아하고, 인터넷을 통해 잡다한 지식을 습득한다. 워낙 까칠한 성품이라 말 한 번 잘못 건넸다간 면박을 받기 일쑤지만.

반면에 현수는 매우 활동적이다. 천성이 유순하며 활기가 넘친다. 사람을 두루 헤아릴 줄 아는 따뜻한 성품을 지닌 데다 호기심이 가히 폭발적이다. 길을 걸으면서 두리번두리번 주위를 둘러보다가 사람들하고 부딪치기도 하고, 길거리에 널브러진 똥을 밟기도 한다.

"프랑크푸르트까지 몇 마일이죠?"

독일행 비행기 속에서 현수의 질문에 환이와 나는 멈칫했다. 우리 가족은 지금까지 외국에 여행을 다니면서 목적지까지 몇 마일인가를 생각해 본 적이 없었다. 대략 지구 반대편이거니, 열 시간쯤 가겠거니, 했을 뿐이다.

"세 사람이 모이면 그중에 반드시 나의 스승이 있다."는 말이 문득 떠올랐다. 관심 분야도 조금씩 다르고 세상을 보는 눈도 저마다 다른 세 사람이 함께 여행을 떠난다.

독일 프랑크푸르트까지 85,000킬로미터!

국어 선생님과 두 명의 수험생은 마침내 새로운 세계를 향해 날아가기 시작했다.

01

황태자의 첫사랑,
우리의 첫발자국

하이델베르크

첫사랑 닮은 설렘을 가슴에

첫사랑! 가슴 떨리는 단어다. 풋풋하고 아련하고 아프다. 하이델베르크 하면 가장 먼저 떠오르는 단어가 바로 첫사랑이다.

"환아, 현수야! 너희 〈황태자의 첫사랑〉이란 영화 봤니? 미국 영화인데, 나 어릴 때 명화 극장 같은 TV 프로그램에서 가끔씩 틀어 줬거든. 그 영화의 배경이 바로 하이델베르크야."

영화 〈황태자의 첫사랑〉 포스터

1945년에 미국에서 만든 뮤지컬 영화 〈황태자의 첫사랑〉. 주인공 황태자 칼 하인리히는 부드러운 매력이라곤 도무지 찾으려야 찾을 수 없는 남자다. 그는 이웃 나라 공주와 정략결혼을 앞두고 있다. 공주는 군인처럼 딱딱한 왕자를 몹시 못마땅해한다.

황제는 황태자 교육을 담당하는 교수한테 다그치듯 묻는다.

"왕자에게 어떤 책이 좋겠나?"

"책은 소용없습니다. 진정한 교육은 사람을 통해서 이루어집니다. 〔중략〕 하이델베르크로 보내십시오."

나는 이 대사에서 심장의 떨림을 느꼈다. 우리나라 사람들에게도 꼭 필요한 말이 아닌가? 인성이 나빠도 공부를 잘한다고 하면 다르게 보는 사람이 많다. 많은 부모가 자기 자식이 착하고 성실하게 사는 것보다는 빼어난 성적을 가지길 바란다. 인간을 통해 삶을 배우고 깊게 익어 가는 대신, 교과서나 수험서를 통해 무작정 지식을 쌓길 바라는 것이다.

하이델베르크는 우리나라 여행객들이 독일에 가면 거의 빼놓지 않고 들르는 관광지이다. 독일 여행의 첫걸음을 떼는 도시라고나 할까. 사랑의 첫발자국을 떼듯, 그렇게 우리도 하이델베르크로 출발!

교육이 아니라 훈련이라고?

하이델베르크는 프랑크푸르트 중앙역에서 기차로 한 시간 정도 걸

린다. 우리는 기차의 별실을 찾아 들어갔다. 자리를 잡고 마주 앉아 아이들 얼굴을 보니 영 말이 아니었다. 현수는 윤기 하나 없는 얼굴에 여드름의 흔적이 덕지덕지했고, 얼굴빛마저 푸르뎅뎅했다. 어릴 때는 긴 속눈썹에 뽀얀 피부로 미남이란 소리를 곧잘 듣곤 했는데……. 어쩌다 이렇게 됐지?

"현수야, 너 피부가 왜 그래?"

"이거 입시 독 오른 거예요."

하긴! 기숙사에 살면서 이 주에 한 번씩만 집에 가는 데다, 시험 기간이면 꼼짝없이 참고서와 씨름하는 생활을 이 년 가까이 했으니.

"우리 학교는 대부분 수시 전형으로 대학에 가잖아요. 저도 수시 원서를 몇 군데 냈는데 다 떨어졌어요. 집에다는 '뭐, 괜찮아요. 또 해 보죠.' 그랬는데요. 사실은 기숙사 바닥에 주저앉아 한참을 엉엉 울었어요. 막 뒹굴면서요."

십수 년 살면서 처음 겪어 본 좌절이었으니, 꽤나 힘들었을 것 같다.

얼굴빛이 어두운 데다 뭐가 잔뜩 돋아나 있는 건 환이도 마찬가지였다. 컨디션이 나쁘다고 모자를 눌러쓴 채 한껏 울적한 표정을 짓고 있어서 더 그래 보였다. 막상 재수생 생활을 하려니까 암담하게 느껴지는 걸까.

"수능 시험을 보고 막 밖으로 나올 때는 '와, 그래도 잘한 거 같다.'

이렇게 생각했거든요. 근데 식구들하고 밥 먹으러 가서 가채점을 확인하다 보니까 점점 망했다 싶은 거예요."

환이의 점수는 모든 과목에서 등급의 경계선 바로 밑에 있었다. 흔히들 등급의 문을 연다고 하는 바로 그 지점……. 그러니까 1점 때문에 등급이 한 칸 내려가는 식이었다. 환이는 밤새 악몽을 꾸듯 끙끙 앓았고, 얼마간 넋이 나간 상태로 지냈다. 평소에 공부에 올인하는 스타일도 아니었다. 오히려 과도한 생활 기록부 스펙 쌓기(?)에 거부감을 느끼고 있었다. 그래서 논술 전형으로 모두 지원했지만, 수능 최저 등급을 맞추지 못했다.

나는 고등학교에서 국어를 가르쳤는데, 우리나라 교육이 아이들을 성장하도록 이끄는 게 아니라 되레 퇴행하도록 밀어낸다는 생각을 종종 했다. 특히 입시 교육의 첨단에 서 있는 고등학교 교육은 더 그랬다. 글 좀 쓰던 아이도, 음악 좀 하던 아이도 다 접어 두고서 삼 년 내내 다른 아이들처럼 입시에만 매달리는 경우를 많이 보았다.

자존감이나 배려 같은 인간적인 면모가 성장하거나, 세상을 사는 지혜와 사려 깊음이 다져지길 기대하는 건 쉽지 않은 일이었다. 무엇이 우리 교육을 이렇게 만들었을까?

"황태자는 교육을 받은 적이 없다. 훈련을 받았을 뿐이다."라는 〈황태자의 첫사랑〉 속 대사처럼, 우리 아이들은 지나친 통제와 관리 속에

서 교육이 아니라 훈련을 받으며 학창 시절을 보내는지도 모르겠다.

독일에서 가장 오래된 대학 도시

우리는 비스마르크 광장에서 내린 뒤 성을 향해 걸어갔다. 아기자기한 가게들을 지나 성 아래의 중앙 광장에 이르렀다. 광장 주변의 명소를 소개한 안내판이 있어서 다가가 살펴보았다. 그리스 신화의 영웅 헤라클레스 동상은 폐허가 된 도시를 재건하려는 하이델베르크인들의 영웅적 노력을 상징한다는 설명이 눈에 들어왔다.

하이델베르크에는 다른 도시에서 흔히 볼 수 있는 뾰족뾰족한 고딕 양식의 건물 대신 바로크 양식의 건물들이 많았다. 17세기 30년 전쟁의 격전지인 데다, 프랑스의 공격까지 받았기 때문인 듯했다.

30년 전쟁은 가톨릭교를 따르는 국가와 개신교를 따르는 국가 사이의 전쟁으로, 1618년에서 1648년 사이에 여러 차례 일어났다. 종교 전쟁으로 출발했으나 국가 간의 이권 싸움으로 번졌다.

대체 종교가 무엇이며, 국가란 무엇인가? 인간의 평화와 행복을 위해 존재해야 하는 종교나 국가 때문에 서로 죽고 죽이고 피를 흘려야 하다니. 존 레논의 〈이매진〉 가사가 가슴으로 파고들었다.

나라가 없다고 상상해 보아요.

죽이거나 죽을 이유도 없고, 종교도 없어요.

사람들 모두가 평화롭게 살지요.

그러고 보니 유럽의 대학들은 어디가 대학인지 일반 건물인지 구별이 잘 되지 않았다. 하이델베르크 대학은 캠퍼스가 세 곳에 흩어져 있다는데…… 우리가 본 건물은 아마도 도서관과 본관, 인문학부 건물인 것 같았다. 방학 때라 그런지 학생들은 거의 없고 관광객들만 보였다. 곳곳에서 거리의 악사가 연주를 했고, 노천카페에는 관광객들이 옹기종기 앉아 있었다.

하이델베르크 대학은 독일에서 가장 오래된 대학으로, 유럽에서 세 번째로 세워졌다고 한다. 1386년에 설립되었다고 하니까 자그마치 육백여 년의 역사를 가진 셈이다.

하이델베르크 학생 감옥

"하이델베르크 대학을 다닌 사람 중에 우리가 아는 사람이 있나?"

내가 혼잣말처럼 중얼거리자 아이들이 재빠르게 휴대폰으로 검색을 했다.

"철학자 헤겔이요. 그리고 사회학자 막스 베버가 여기 교수였다고 해요. 독일 대학 가운데서 이곳이 노벨상 수상자를 가장 많이 배출했다는데요."

광장에서 성으로 올라가는 길목에 학생 감옥이 보였다.

"예전에 대학은 치외 법권 지역(그 나라의 법을 적용받지 않는 곳)이었대. 학생들이 잘못을 저지르면 대학에서 자치적으로 규정을 정해서 처벌하는 거지. 그래서 오랜 역사를 가진 대학에 가면 꼭 학생 감옥이 유적지로 남아 있나 봐."

책에서 읽은 이야기를 무심코 읊다가 아차 싶었다. 대학 입시에 실패한 아이들에게 지금 무슨 소리를 하고 있는 건지…….

정작 아이들은 덤덤한 얼굴이었다. 아니, 오히려 흥미를 갖고 듣는 것 같기도 했다. 한국에서 멀리 떨어진 곳에 와 있다 보니, 입시의 쓴잔이 잠시나마 아스라해졌나 보다.

아, 학생들이 어떤 이유로 감옥에 갔느냐고? 음주, 절도, 소란 등 생각보다 평범한 사유들이었다. 심지어 감옥에 갇혀 있는 동안 강의도 들을 수 있었다나. 더러는 재학 중에 한 번쯤 학생 감옥에 갇히는 걸 자랑스럽게 여기기도 했단다.

사색을 불러오는 철학자의 길

하이델베르크성에 오르자 시내가 한눈에 들어왔다. 우아, 정말로 아름다운 도시였다. 도시를 가로질러 흐르는 네카어강을 사이에 두고 멋진 건물들이 죽 늘어서 있었다. 그때 강 저편으로 나지막한 산 하나가 보였다.

성에서 내려가 카를 테오도르 다리를 건너면 산으로 이어지는 작은 길이 있는데……, 바로 철학자의 길이다. 너무 가파르지도 않고 굴곡이 심하지도 않아서 생각에 잠기며 산책하기에 더없이 좋았다. 철학자 칸트가 그 길을 매일같이 일정한 시각에 거닐었다는 일화가 전하기도 한다.

하이델베르크성에서 바라본 테오도르 다리(위)와 철학자의 길 입구(아래)

우리는 성으로 들어가 관광객들이 들르는 첫 코스로 향했다. 바로 세계에서 가장 큰 술통이 있는 곳으로.

"저게 술통이야? 우아, 교실만 한데?"

아이들이 감탄을 쏟아 놓았다. 그럴 만했다. 술이 이십만 리터가 넘게 들어간다나? 이십만 리터라니! 일 리터씩 마시면 이십만 명, 한 사람이 하루 십 리터씩 마시면 육십 년 정도 마셔야 하는 양이었다.

술꾼 페르케오

술통 위의 난간으로 올라가기 위해서는 계단을 한참 올라야 했다. 술통 맞은편에는 나무로 만든 조각상이 하나 있었는데, 바로 페르케오라는 술꾼이었다. 하루에 자그마치 십팔 리터의 술을 마셨다고 한다.

하이델베르크성은 밑에서 봤을 때는 그저 웅장하게만 느껴졌다. 그런데 막상 가까이 가 보니, 군데군데 무너지고 기울어져서 상처투성이였다. 음, 30년 전쟁 때 이 도시가 폐허가 되었다고 했지? 18세기에도 벼락으로 또 한 차례 무너졌다고…….

하이델베르크를 잠시 지나는 사람들은 대학 도시가 주는 낭만이나, 성에서 바라보는 도시의 아름다움에 그저 감탄한다. 사실 이 도시는

전쟁과 파괴, 희망과 복구의 시간을 고스란히 겪고서 그 상처를 그대로 안은 채 우뚝 서 있는 듯하다.

하이델베르크성 아래의 중심가와 철학자의 길을 이어 주는 테오도르 다리도 인상적이었다. 하이델베르크의 아름다움은 그 다리가 있어서 완성되는 것 같았다. 몸을 숙여 강물을 굽어보고, 눈을 들어 하늘을 쳐다보고, 고개를 돌려 성을 바라보았다. 그러다 반대쪽에 있는 철학자의 길에 시선이 머물었다.

"철학자의 길, 올라갈까?"

환이가 고개를 흔들었다. 힘든 모양이다.

"전에 가 봤잖아요."

환이와 나는 하이델베르크가 두 번째다. 환이가 중학교 들어갈 무렵에도 독일 여행을 했다. 그때만 해도 환이는 밝게 웃고, 신나게 질문하고, 철학자의 길도 즐겁게 걸었는데…….

여행의 흥겨움 속에서도 가끔씩은 우울해졌다. 어둠이 내리기 시작하는 하이델베르크에서 나는 환이의 마음을 우울하게 만든 것들을 회한에 차서 돌아보았다.

하이델베르크에서 황태자는 성장을 했다. 상처가 오히려 그를 성장하게 했다. 환이 너도 성장할 거야. 애벌레가 알에서 깨어나듯, 그 애벌레가 고치 속에 웅크려 있다가 나비가 되듯.

테오도르 다리에서 만난 아이들

나중에 나 혼자 하이델베르크를 다시 방문했다. 테오도르 다리에서 초등학교 1, 2학년쯤 돼 보이는 아이들을 만났다. 엄청난 장난꾸러기들이었다. 다리를 신나게 달리다가 관광객들을 향해 기괴한 비명을 지르며 도깨비 같은 표정을 짓곤 했다. 그것도 유독 아시아인에게만!

그중에서도 여자들에게 다가가 그런 장난을 숱하게 쳤다. 아시아인의 겉모습이 신기했겠지. 남자 어른들 앞에 가서 깝죽대기엔 겁이 났을 테고······.

아이들이 내 앞으로 다가왔을 때, 나는 일부러 싸늘한 표정으로 고개를 휙 돌려 버렸다. 아이들은 곧 두 명의 중년 여성 앞에 가서 '우악!' 하고 소리를 질렀다.

언뜻 보아 중국인인 것 같았다. 말이 조금 느리긴 해도 영어를 꽤 잘했는데, 뜻밖에도 두 사람은 그 아이들에게 매우 친절하게 대했다. 사진을 함께 찍고 5유로짜리 지폐까지 쥐여 주었다.

저건 뭐지? 아이들에게 유연한 태도를 보인 것까지는 이해하겠는데, 돈까지 쥐여 주는 이유는 뭘까? 나는 잠시 고개를 갸웃거렸다. 그러다 곧 생각을 바꾸었다.

'우리나라 장난꾸러기 꼬맹이들도 흔히 할 수 있는 일이잖아. 저 아이들이 더 자라 제대로 교육을 받게 되면 이런 행동이 잘못되었다는 것을 깨닫게 되겠지. 가까이 다가올 때 적대감이나 비웃음 대신 따뜻함을 보여 준다면.'

따뜻함과 상냥함! 그것이 사람과 사람을 이어 주는 또 하나의 언어일지도 모른다는 생각이 불쑥 들었다.

02

내 안의 데미안을 찾아서,
헤르만 헤세의 고향

칼프

슈바르츠발트의 작은 마을

　프랑크푸르트에서 칼프까지는 기차로 두 시간 반에서 세 시간 정도 걸렸다. 고속열차(ICE)를 타고 가다가 카를슈에 역에서 내려 지역열차(RE)로 갈아탔다. 그다음에 포자임에서 지역 완행 열차(RB)를 타야 했다. 우리나라로 치면 서울에서 출발해 남서쪽인 광주쯤에서 내린 뒤, 버스로 담양이나 곡성까지 가는 정도? 이렇게 비교해 보니 참 무모한 일정이었다. 그러나 우리를 부르는 사람은 헤르만 헤세가 아닌가!

　"오늘은 헤르만 헤세의 고향에 가 보자."

　현수가 대뜸 그 사람이 누구냐고 물었다. 환이는 "《데미안》 쓴 사람인가?"라고 말했지만, 둘 다 헤세의 작품을 읽지 않은 건 마찬가지였다. 나는 괜히 부질없는 말을 툭 던졌다.

　"에이, 너희가 남학생이라 안 읽은 걸 거야. 여학생들한테 물어봐. 많이들 읽었을걸."

그랬더니 현수가 대번에 고개를 흔들었다.

"우리 학교 여자애들한테 물어봐도 다 모를걸요."

나는 궁색하게도 얼른 말을 바꾸었다.

"너네 학교가 과학고라 그래."

그러나 속으로는 알고 있었다. 우리나라 청소년들이 책을 잘 읽지 않는다는 걸!

그렇거나 말거나, 포자임에서 칼프로 가는 길의 경치는 그야말로 절경이었다.

"여기가 슈바르츠발트잖아."

슈바르츠발트는 독일 서남부에 있는 삼림 지대로, 만 오천 제곱미
터가 넘는 광대한 지역이었다. 나는 헤세의 소설《수레바퀴 아래서》의
한 구절을 떠올렸다.

검푸른 전나무 숲이 보이자 그는 구원을 받은 듯한 기분이 들었다.

신학교 입학시험을 치르고 집에 돌아온 주인공 한스는 고향 마을을
둘러싼 숲을 보며 안도의 숨을 내뿜었다. 그를 편안하게 만든 게 바로
저 숲이었다는 걸 깨달았기 때문이다.

헤르만 헤세는 1877년 7월 2일에 슈바르츠발트의 작은 마을 칼프
에서 태어났다. 네 살 즈음 스위스 바젤로 이주해 살다가, 오 년쯤 뒤에
다시 칼프로 돌아와 학교에 입학했다. 그 후 1891년에 마울브론 신학
교에 입학하지만 칠 개월 만에 도망쳤다. 자살 시도를 하기도 하고, 신
경 정신과에 입원을 하기도 했다. 그러다 소설과 시를 쓰기 시작하면
서 이탈리아 여행을 다녔다.

1904년에 알프스산에서 태어난 소년의 성장을 담아낸 첫 장편 소설
《페터 카멘친트》를 펴낸 뒤,《수레바퀴 아래서》,《게르트루트》,《크눌
프》등의 소설을 연거푸 발표했다. 제1차 세계 대전이 일어났을 때는
전쟁에 반대하는 글들을 썼다. 이 과정에서 탄생한 작품이 바로《데미

검은 숲, 슈바르츠발트

독일 서남부에 있는 슈바르츠발트는 독일어로 '검은 숲'이라는 뜻이다. 숲에 들어가면 울창한 나무들 때문에 하늘이 안 보인다고 하여 '검은 숲'이라는 이름이 붙었다나. 그림 형제가 모은 전설 중 하나인 《헨젤과 그레텔》의 배경이 되는 숲이기도 하다.

서쪽으로는 라인강이 흐른다. 도나우강은 이곳에서 시작하여 독일, 오스트리아, 슬로바키아, 헝가리, 유고슬라비아, 루마니아, 불가리아, 몰도바를 흘러 흑해로 들어간다.

슈바르츠발트 주변에는 예쁜 마을들이 많다. 시계로 유명한 트리베르크, 아름다운 호수가 있는 티티제…… 한마디로 그림 같은 풍경이다. 그저 먼발치에서 바라보고 돌아서야 해서 마음 가득히 아쉬움이 차올랐다. 여행은 늘 아쉽고, 그래서 또 떠나고 싶은 것 같다.

슈바르츠발트의 전나무 숲

안》! 그는 작품 속 주인공 이름인 '에밀 싱클레어'라는 가명으로 책을
펴냈다.

유명한 인도학자였던 외할아버지의 영향을 받았는지, 그는 점차 인
간의 내면세계에 관심을 두기 시작했다. 《데미안》,《싯다르타》,《황야
의 이리》 등에서 그런 경향을 엿볼 수 있다. 모두 내면에 있는 진정한
자아를 찾아가는 과정을 담아낸 소설이다.

제2차 세계 대전 중 그의 작품은 나치즘을 외면한다는 비판을 받으
며 독일에서 출판이 금지되었다. 전쟁이 끝나고 히틀러가 사라진 1946
년부터 다시 독일에서 출간되었다. 헤르만 헤세는 《유리알 유희》로 노
벨 문학상을 수상했으며, 칼프의 명예시민이 되었다. 이후 그는 간간
이 동화와 편지글, 산문 등을 출간하다가, 1962년 8월에 스위스의 몬
타뇰라에서 세상을 떠났다.

수레바퀴에 짓눌린 아이들

"어, 이 다리가 바로!"

나도 모르게 소리를 질렀다. 《수레바퀴 아래서》에 나오는 다리였다.
한스가 하루에도 몇 번이고 지나다니던 다리. 한스는 다리 난간에서

니콜라우스 다리에 서 있는 헤세 동상

아름답고 자유롭던 지난 시간들을 추억하며 슬픔에 잠겼다. 다리 건너
에 고딕풍의 교회가 있다고 했는데……. 고개를 돌리자 진짜로 교회가
보였다. 바로 니콜라우스 교회였다. 다리 중간에는 어린 한스가 아니
라 노년의 헤르만 헤세가 우뚝 서 있었다. 그리고 다리 난간에는 이런
글이 붙어 있었다.

> 칼프로 다시 돌아왔을 때 나는 이 다리 위에 오랫동안 서 있었다.
> 이 작은 도시에서 내가 가장 사랑하는 곳이다.

우리도 한참 동안 다리 위에 서 있었다. 비가 와서 불어난 나골트강
의 물살을 고즈넉이 바라보면서.

"어, 헤세 할아버지가 저보다 조금 크네요."

현수가 헤세 동상에 안기듯 기대었다. 헤세의 은은한 미소가 아이들을 위로해 주는 것만 같았다. 나도 너희처럼 어렵고 힘겨운 시절이 있었다고, 수레바퀴 같은 교육 제도에 짓눌렸던 적이 있었다고.

《수레바퀴 아래서》는 신학교에서 뛰쳐나온 헤세의 경험이 녹아 있는 작품이다. 주인공 한스 기벤라트는 신학교 입학시험을 위해 취미를 포기하고 함께 놀던 친구와도 멀어진다. 그 대신 '밤늦도록 피곤과 졸음, 두통과 싸워 가며' 문법을 공부하고, 수학 문제를 풀고, 라틴어를

읽는다. 그러나 합격의 기쁨도 잠시! 또 다른 열망에 휩싸인 채 히브리어 공부를 하고, 신학교에 가서 뒤져서는 안 된다는 충고를 받고서 방학에도 쉬지 않고 수학 공부를 한다.

신학교에서 하일너라는 친구를 만나 새로운 세계를 알게 되지만, 한스는 그 수레바퀴를 벗어나지도, 이겨 내지도 못한다. 하일너는 자유를 찾은 독수리처럼 학교를 떠나지만, 한스는 신경쇠약 때문에 학교를 떠나게 된다. 그리고 고향의 공장에서 기계처럼 일하다가 강물에 빠져 죽고 만다.

수레바퀴에 짓눌린 청춘이라니, 참……! 19세기 말에 헤세가 겪었던 고통이 우리 아이들에게 고스란히 전해지는 듯한 착각이 들었다. 수레바퀴 밑에서 신음하는 아이들을 바라보고 있노라니, 마음 한켠이 아릿하게 쓰라렸다. 한스와 헤세가 하염없이 바라보았을 나골트 강물이 유유히 흘러가고 있었다.

헤세의 흔적이 스민 헤세 박물관

헤세 박물관은 한산했다. 우리 세 명과 독일인 가족이 전부였다. 독일 소년은 우리가 낯설고 신기했던지 자꾸만 힐끔거렸다. 중학생쯤 돼

보였는데, 현장 체험을 하러 온 걸까? 아니면 칼프의 친척 집에 놀러
왔나?

"혹시 이 근처에 아직 시계 공장이 있어요?"

이 동네 사람이면 알겠다 싶어서 소년 옆에 있는 어른에게 다가가
물어보았다. 그 여성은 'clock factory'라는 나의 어설픈 영어 표현에 고
개를 갸웃하더니, 강을 끼고 오른쪽으로 좀 걸어가면 나온다고 했다.
그러고는 거길 왜 찾느냐고 물었다. 헤세가 그곳에서 일한 적이 있다
길래 궁금해서 그런다고 대답했다. (한스처럼 신학교를 뛰쳐나온 헤세는
시계 공장의 견습공으로 일했다.) 여성은 독일인인 자신도 모르는 걸 어떻
게 아느냐며 유쾌하게 웃었다.

"휴일이라 시계 공장이 문을 닫았을 것 같아. 박물관이나 보자."

헤세 박물관에는 헤세의 갖가지 유품들이 전시되어 있었다. 안경,
타자기, 원고, 메모, 사진, 그림……. 신경이 예민해서 병원 치료를 받기
도 했던 헤세는 마흔 살이 넘으면서 그림을 그리고 정원을 가꾸었다.

내 안의 데미안을 찾아서

헤르만 헤세는 1919년에 《데미안》을 발표했다. 제1차 세계 대전이 끝난 직후였다. 혼란에 빠진 젊은이들이 이 작품을 즐겨 읽었는데, 얼마나 인기가 많았는지 제2차 세계 대전에 참가했던 젊은이들의 군복 주머니에도 《데미안》이 꽂혀 있었다고 한다.

헤세는 《데미안》의 서문에서 사람이라는 존재가 무엇인지 아는 사람은 별로 없다고 말한다. 그리고 한 사람의 삶은 자기 자신에게로 이르는 길이라고도 한다. 주인공 싱클레어는 데미안을 비롯해 여러 사람을 만나 아픔을 겪으며 성장해 간다. 마지막에는 생시인 듯 환영인 듯 데미안을 만나는데, 그는 어쩌면 싱클레어 자신일 수도 있다.

> 새는 알에서 나오려고 싸운다. 알은 곧 세계이다. 태어나려고 하는 자는 하나의 세계를 파괴하지 않으면 안 된다.

이 구절은 오랫동안 사람들에게 큰 울림을 주었다. 하나의 세계를 파괴한다는 것, 그것은 더 큰 세계로 성장해 나간다는 뜻이다. 그 성장의 과정에는 아픔이 있다. 어떤 세계가 파괴될 때는 혼란과 아픔과 상처가 있게 마련이니까.

'환아, 현수야. 너희도 더 큰 세계로 나가기 위해 아픔을 겪고 있는 거다.'

나는 환이와 현수가 우리 교육의 수레바퀴에 짓눌려 《수레바퀴 아래서》의 한스처럼 좌절하지 말았으면 했다. 무수한 고뇌와 갈등 속에서 자신 속의 데미안을 발견하는 《데미안》 속의 싱클레어가 되길 간절히 바랐다.

헤세가 태어난 집과 헤세의 얼굴이 새겨진 분수

식물을 가꾸는 헤세의 사진과 정원의 꽃 그림이 눈에 띄었다. 그 시절을 보여 주는 여러 가지 자료가 더 있었지만 무슨 내용인지는 전혀 알수가 없었다. 역시 언어를 알아야 또 하나의 세계가 열리나 보다!

옷 가게가 되어 버린 헤세의 생가

거리가 매우 한산했다. 우리는 광장을 둘러본 뒤 헤세의 생가 쪽으로 걸음을 옮겼다. 헤세가 태어난 집은 지금 옷 가게로 바뀐 듯했다. 그마저도 휴일이라 문을 닫았다.

헤세 생가 맞은편에는 시청이 있었고, 헤세 광장이라 불리는 작은 공터의 분수에는 헤세의 얼굴이 새겨져 있었다. 소설 속 한스가 지나다니던 길이었다. 칼프는 헤세가 없었으면 무엇으로 마을의 긍지를 표현했을까?

헤세의 길을 따라 걷다 보니 학교가 나왔다. 이 학교의 전신이 혹시 헤세와 소설 속 한스가 다녔던 라틴어 학교가 아닐까? 위치상 딱 그 자리인 것 같은데.

길을 따라 걷다 보니, 헤르만 헤세 학교 학생들이 만든 문학 정원이 나왔다. 악보대처럼 생긴 시를 새긴 판들이 정원을 둥글게 둘러싸고 있었다.

은행 앞에는 괴나리봇짐 같은 것을 든 남자의 동상이 서 있었다. 자유로운 영혼을 지닌 방랑자, 소설 《크눌프》의 주인공 크눌프였다. 칼프에서 태어난 크눌프는 인생의 의미를 찾아 헤매며 아픈 사연들을 겪고 아무런 성과도 없는 듯한 삶의 여정을 거친다. 그는 곧 헤세 자신이기도 했다.

종말을 앞둔 날, 그는 환각 속에서 자기 삶의 의미를 되물으며 신과 이야기를 나눈다. 신은 그에게 이렇게 대답한다.

크눌프 동상

난 오직 네 모습 그대로의 널 필요로 했다. 넌 나를 대신하여 방랑하였고, 안주하며 사는 자들에게 늘 자유에 대한 그리움을 조금씩 일깨워 주어야만 했다. 나를 대신하여 너는 어리석은 일을 하고서 조롱받았다. 네 안에서 바로 내가 조롱을 받았고, 또 네 안에서 내가 사랑을 받은 것이다.

언젠가 인생의 섭리를 헤아리면서 내 삶을 돌아볼 때 내게 들릴 초월적 음성(그것은 내 안의 소리일 수도 있다.)은 무엇일까?

기차와 함께한 독일 여행

우리의 독일 여행은 기차와 함께였다. 인접한 몇 나라에서 통용되는 유레일패스를 끊었기에 웬만한 거리는 기차를 타고 이동했다. 기차를 놓치거나 내릴 곳을 지나치는 등 수없이 삽질을 했지만 유레일 패스가 있기에 큰 걱정은 없었다.

우리나라에 KTX나 새마을호 등 여러 기차가 있는 것처럼 독일에도 여러 종류의 기차가 있다. 우리나라의 기차가 북쪽이 막혀 더 멀리 뻗어 갈 수 없는 데 비해, 독일의 기차는 프랑스나 스위스 등 이웃 국가까지도 빠르고 편안하게 이동할 수 있다.

ICE는 독일과 여러 나라를 운행하는 초고속 열차다. IC는 독일 내에서만 운행하는 고속 열차이고, EC는 독일에서 여러 이웃 나라로 운행한다.

RE, RB 등의 지역 열차는 고속 열차에 비해 느리지만 저렴하고 정차 역이 많다. RE가 독일의 비교적 큰 도시와 지방을 연결하고, RB는 그보다 작은 지역들을 지난다. 유레일패스를 구입하면 예약금 외에는 이들 기차를 모두 무료로 탈 수 있다.

독일의 초고속 열차 ICE

03

고요와 열광이 공존하는
괴테의 도시

프랑크푸르트

세계 교통의 중심, 프랑크푸르트

유럽의 관문이라는 프랑크푸르트 중앙역에 내려서자 마음이 무척 두근거렸다. 세 번째 방문이기는 했지만, 내가 인솔자가 되어 프랑크푸르트 시내로 들어가는 건 처음이었다.

"프랑크푸르트는 다른 도시와는 달리 옛 건물이 많이 남아 있지 않대. 그 이유는 제2차 세계 대전 때 폭격을 받아서 건물이 대부분 파괴되었기 때문이라고."

환이가 인터넷 검색을 한 모양이었다. 확실히 유럽의 다른 도시들과 달리, 프랑크푸르트에는 옛 건물이 별로 보이지 않았다.

우리 숙소는 주택가에 있었다. 베토벤 거리라는 곳에 자리한 소박한 호텔이었다. 호텔 바로 옆 거리는 멘델스존 거리라나? 두 거리 다 부유한 사람들이 모여 산다고 했다. 그러고 보니 독일에는 세계적인 음악가가 참 많다. 바흐, 베토벤, 멘델스존, 브람스, 바그너, 헨델…… 팬스

레 부러운 마음이 들었다. 아니, 어쩌면 유럽의 클래식 음악이 세계의 주류로 자리 잡은 사실이 부러운 걸지도.

"우리나라에도 음악가의 이름을 딴 길이 있어요?"

아이들이 물었다.

"당연히 있지. 경상남도 통영에 윤이상 거리, 경기도 화성에 홍난파 길……."

아쉽게도 그 길을 아는 이는 그리 많지 않으리라는 생각이 들었다.

프랑크푸르트의 정식 이름은 프랑크푸르트 암 마인이다. 베를린과 가까운 프랑크푸르트 안 데어 오데르와 구별되는 이름이다.

독일의 정치적 수도는 베를린이지만, 경제적 수도는 프랑크푸르트이다. 프랑크푸르트에는 세계적인 증권 거래소가 있고, 유럽 중앙은행이 있다. 거기에 유럽의 각 나라와 세계 곳곳으로 연결되는 공항과 철도와 아우토반이 있으니, 프랑크푸르트는 독일을 넘어 세계 교통의 중심지라 할 만하다.

우리 눈에 비친 프랑크푸르트는 서울 도심보다 조금 더 세련된 대도시 느낌이었다. 깔끔한 거리와 웅장한 현대식 건물, 유럽의 다른 도시에서는 잘 느낄 수 없는 탁한 공기……. 뭔가 딱히 새로운 느낌이 드는 곳은 아니었다.

그러나 울창한 건물 숲 사이에 흐르는 마인강, 그 강물 위로 날아다니는 새들, 강가를 따라 산책하는 사람들, 곳곳에 스며 있는 오랜 세월의 자취, 그리고 괴테의 흔적만큼은 프랑크푸르트를 오래오래 기억하게 해 주었다. 사막이 아름다운 건 그 안에 오아시스를 감추고 있기 때문이라는 어린 왕자의 말처럼.

괴테 김나지움을 지나 뢰머 광장으로

"역시 괴테의 나라구나."

프랑크푸르트 시내를 돌아보는 날, 괴테 김나지움이라는 학교 건물

프랑크푸르트 괴테 김나지움

이 눈에 들어왔다. 김나지움은 우리나라로 치면 인문계 중·고등학교쯤 이랄까?

독일에서는 초등학교를 마치면 김나지움이나 레알슐레, 또는 하우프트슐레에 진학한다. 김나지움이 대학 입학을 위한 학교라면, 레알슐레는 실용 교육을 강조하는 전문 학교, 하우프트슐레는 조금 더 직업 교육 쪽으로 기울어 있다. 진학 후 학업 능력에 따라 전학도 가능하다고 한다.

독일의 대학 진학률은 40% 정도. 우리나라는 70%가 넘는다. 고등학교를 졸업한 뒤, 거의 대부분 대학에 진학하는 셈이다. 우리나라와 달리, 독일은 대학 진학에 대한 강박이 적은 듯하다. 아이들의 적성에 맞추어 진로를 정하기 때문에 레알슐레나 하우프트슐레보다 김나지움을 반드시 우위에 두지는 않는다. 대학을 나오지 않아도 전혀 주눅들지 않는다는 얘기다. 나는 환이와 현수를 슬쩍 바라보았다. 갑자기 짠한 마음이 들었다.

시내를 걷다 보니 아기자기한 볼거리들이 꽤 많았다. 도심의 휴식 공간인 타우누스 정원을 걸어 오페라 극장을 지났다. 프랑크푸르트에서 관광객이 가장 많이 모인다는 뢰머 광장도 돌아보았다.

비슷하게 생긴 세 채의 건물들이 나란히 서 있었다. 그 가운데 건물을 뢰머라고 부른단다. 예전에 시청으로 쓰이던 건물이었다. 뢰머 광

뢰머 광장

장 한편에 늘어서 있는 오래된 목조 건물들은 동쪽 줄이라는 뜻으로 오스트차일레라고 부른다고 한다. 그 옆에 프랑크푸르트 대성당도 보였다. 1562년부터 이백 년간 신성 로마 제국 황제의 대관식이 거행된 곳. 하지만 우리의 목적지는 따로 있었다.

프랑크푸르트가 사랑한 작가, 괴테

저 멀리 괴테의 동상이 보였다. 이름하여 괴테 광장이다. 도시를 배경으로 해서 광장에 우뚝 서 있는 괴테의 모습에서 범접할 수 없는 위

괴테 동상

엄이 느껴졌다. 그래, 나에게 프랑크푸르트는 경제의 도시도, 교통의 도시도 아닌 바로 괴테의 도시였다.

괴테가 태어난 도시, 프랑크푸르트에는 괴테 김나지움과 괴테 대학이 있다. 프랑크푸르트 중심가에는 괴테 광장이 있으며, 괴테 생가는 프랑크푸르트를 대표하는 명소이다. 독일 곳곳에 괴테를 기리는 동상이나 기념비가 서 있다! 대체 독일인에게 괴테는 어떤 존재일까?

"내가 처음 본 괴테의 작품은 《젊은 베르테르의 슬픔》이야."

아이들은 아무 대답도 하지 않았다. 역시 괴테의 작품을 읽지 않은 것이다!

《젊은 베르테르의 슬픔》은 1774년, 그러니까 괴테가 스물다섯 살 되던 해에 발표한 작품이다. 친구의 약혼자를 사랑하게 된 베르테르는 이룰 수 없는 사랑으로 괴로워하다가 끝내 죽음을 택하고 만다. 당시 독일은 '질풍노도'라 불리는 문학의 흐름 속에 있었다. 거센 바람과 성난 파도처럼 격렬한 인간의 감정과 상상력을 존중하고 개성의 해방을 요구하는 사상의 흐름이다.

독일 젊은이들은 베르테르에 열광했다. 베르테르가 여주인공 로테와 춤출 때와 자살하던 순간에 입었던 노란 조끼와 파란 연미복이 젊은이들 사이에 크게 유행하기도 했다.

저만치에 괴테 생가의 입구가 보였다. 괴테 생가는 지하철 하우프트와셰 역 근처에 있었는데, 주변에는 멋진 카페와 음식점이 죽 늘어

내가 처음 본 괴테의 작품은 《젊은 베르테르의 슬픔》이야.

딴짓 중

괴테 생가

서 있었다. 세계적으로 손꼽히는 유명 브랜드가 줄지어 있는 쇼핑 거리와도 닿아 있었다. 거리 곳곳에 핫플 냄새가 풀풀 풍겼다. 괴테가 살았을 때도 역시 프랑크푸르트의 중심가였겠지.

실제로 괴테의 집안은 매우 부유했다. 아버지는 법률가였고, 어머니는 프랑크푸르트 시장의 딸이었다. 괴테의 삶은 한마디로 화려했다. 이십 대에 변호사 사무실을 개업했고, 자신의 경험을 바탕으로 쓴 《젊은 베르테르의 슬픔》이 베스트 셀러가 되었다.

"대단한 부자였네, 괴테는."

현수가 생가를 보고는 이렇게 중얼거렸다. 그 말에 절로 고개가 끄덕여졌다.

괴테의 생가에 가 보면, 괴테 집안의 경제적 풍요로움에 먼저 감탄하게 된다. 0층(우리나라의 1층)에는 큰 규모의 부엌이 있고, 물을 끌어

인간은 노력하는 한 방황한다

16~17세기 독일은 유럽 문화의 주변국이었다. 그때만 해도 독일어는 라틴어와 프랑스어의 강세 속에서 기를 펴지 못했다. 하지만 괴테의 걸작이 발표되면서 독일 문학은 세계 문학 사이에 우뚝 서게 되었다.

괴테는 이십 대에 《파우스트》 1부를 쓰기 시작해 죽기 일 년 전에 2부를 완성했다. 괴테의 평생의 역작 《파우스트》는 인생의 의미를 찾는 한 인간의 궤적을 그려 내었다.

파우스트는 15~16세기에 독일의 라이프치히와 하르츠 지방에 살았던 실존 인물로, 연금술사이자 점성가였다. 독일에는 파우스트에 관한 전설이 널리 퍼져 있다. 괴테의 파우스트는 늙은 대학자로, 인간으로서 이룰 수 있는 만큼의 학문적 성취를 이루었으나 한계에 부딪힌다.

악마 메피스토펠레스는 파우스트의 영혼을 걸고 신과 내기를 한다.

"그 친구는 안에서 들끓는 게 있어 자꾸만 먼 곳을 바라보지요. 〔중략〕 무엇을 거시겠어요? 그저 허락이나 해 주시죠. 그 친구를 내 방식대로 이끌도록 말입니다."

"네 뜻대로 해도 좋다. 인간이란 노력하는 동안엔 방황하게 마련이지."

그리하여 파우스트는 젊음을 되찾는다. 욕망하고, 사랑하고, 죄짓고, 고뇌하고, 방황한다. 그때 괴테의 생가에서 아이들에게 한마디 해 주었더라면 좋았을 것을. "인간은 노력하는 동안에는 방황하게 마련이다."

그리고 《파우스트》에서 신이 했던 대사도 덧붙였더라면 좋았을 것을. "넘치듯 생동하는 아름다움을 누려라! 생성되어 가며 영원히 살아 움직이는 기운이 사랑의 고상한 절제미로 그대들을 감싸리라."

다 쓰는 수도 시설이 있다. 무지무지 화려하게 꾸며진 부엌이었다. 1층에는 갖가지 악기가 즐비한 음악실과 중국풍의 거실이 있으며, 그 옆에 있는 서재엔 책장마다 책이 가득 꽂혀 있었다. 군데군데 진귀한 그림들도 진열되어 있었고, 괴테의 초상화와 석상도 곳곳에 보였다. 2층에는 여동생의 방과 괴테가 태어난 곳이라 짐작되는 방이 있었다. 3층은 그의 집필실이었다.

"여기서《젊은 베르테르의 슬픔》과《파우스트》1부를 썼나 봐."

환이와 현수는 신기한 듯 여기저기를 둘러보았다. 책상 위의 거뭇거뭇한 자국은 잉크의 흔적일까? 나도 저 책상에 앉으면 대작을 쓸 수 있으려나? 괜스레 책상이 탐난 나머지, 엉뚱한 질문을 하고서 혼자 피식 웃었다.

한밤의 불꽃놀이

"오늘은 독일 가정식 요리를 먹고 싶어요."

현수가 제안했다. 독일 현지인이 인정하는 가정식이라! 좋다. 기대감이 흠씬 피어올랐다. 우리나라 한정식 식당 같은 곳이려나?

우리는 기대감을 품고서 여행 책자에 소개된 주소를 찾아 나섰다.

고테 생가 내부

구글 맵을 켜고 한참을 돌고 돌았다. 이 길이 분명한데 왜 안 나타나지? 인적이 드문 것은 물론이고 상점 하나 보이지 않았다. 꽤 오래된 식당이라는데 없어졌을 리가 없어. 이 거리가 확실한데…….

걸음을 멈추고 주변을 둘러보니 뭔가 큰 공사가 진행되고 있었다. 공사 중인 건물에 식당이 있었던 걸까? 아쉽게도 허탕이었다. 우리는 고픈 배를 부여안고 무겁게 발길을 돌렸다.

그날은 아무래도 일진이 수상했다. 저녁에 또 한 번 헤매는 일이 있었다. 저녁을 먹고 호텔로 돌아왔는데, 물이 똑 떨어지고 말았다. 호텔 냉장고의 물 값은 마켓에 비해 세 배쯤 비쌌다. 숙소 근처에 있는 큰 마켓으로 갔지만 이미 문이 닫혀 있었다. 그리 늦은 시각이 아니었건만 지나가는 사람도 거의 없었다. 주택가를 아예 벗어나도 길에는 먼 나라 여행객인 우리뿐이었다.

"독일 최대의 대도시인데, 연말에 이렇듯 조용한 게 이상하네. 한적하다 못해 적막하기까지 해요."

결국 우리는 별 소득 없이 숙소로 돌아왔다. 지칠 대로 지친 나는 곧 잠이 들었다. 한 해의 마지막 밤을 낯선 나라에서 조용하게 보내는구나, 생각하면서. 시간이 얼마나 지났을까.

"고모, 빨리 일어나세요."

현수가 나를 불러 깨웠다. 창문을 활짝 연 채 카메라를 손에 들고 있

었다.

쏴~! 파팟! 팡!

아, 프랑크푸르트 하늘을 물들이는 불꽃들! 멀리 높은 건물 사이에서, 우리가 묵고 있는 주택가에서, 여기저기서 불꽃이 정신없이 터지며 밤하늘을 수놓았다. 어느 사이엔가 프랑크푸르트는 열광이 넘치는 도시로 변신했다. 그러고 보니, 프랑크푸르트는 고요와 열광을 모두 지닌 도시였다. 이 모순된 조합의 조화! 이것이 바로 프랑크푸르트의 진짜 매력이 아닐까?

04

지식을 만드는 도시
노벨 물리학상의 산실

괴팅겐

대학의 도시 괴팅겐으로

괴팅겐을 찾은 이유는 바로 대학 도시라는 것. 겉핥기식이라도 대학 도시의 분위기를 느껴 보면 좋지 않을까? 게다가 괴팅겐 대학은 독일에서 노벨상 수상자가 많은 대학 중 하나라고 한다. 세계에서 대학 순위로는 10위 안팎쯤.

"괴팅겐 대학 출신으로 노벨상 받은 사람이 누가 있지?"

"헤르츠, 막스 보른, 하이젠베르크, 허버트 크뢰머……."

"오, 그렇게나 많아? 이 대학, 위엄이 장난 아닌데!"

수상자 이름을 읊조릴 때마다 현수의 눈이 반짝반짝 빛났다. 역시 과학도! 특히 물리학상 수상자의 이름을 말할 때는 그들의 과학 이론을 줄줄이 풀어 놓았다. 뼛속까지 문과인 고모가 글 속에 다 담아내지 못해서 미안!

아, 작년에 개봉해 큰 인기를 끌었던 영화 〈오펜하이머〉에 하이젠베

르크가 나왔다. 서른한 살에 노벨 물리학상을 받은 그는 20세기 초 양

자 역학이 탄생하는 데 크게 일조했다고 한다.

　제2차 세계 대전 때 오펜하이머와 함께 원자폭탄 개발 프로젝트에

참여해 핵 물리학 분야에서도 큰 업적을 남겼다. 하지만 그것이 전쟁

에 쓰이면서 도덕적 책임 문제에서 여러 논쟁에 휩쓸리며 자유롭지 못

한 부분이 있다.

　헉, 너무 진지했나? 어쨌거나 괴팅겐으로 출발!

칠리 콘 카르네를 먹기 위하여

괴팅겐은 프랑크푸르트에서 기차로 한 시간 사십 분쯤 걸렸다.

"점심은 대학 식당에서 먹자."

내 제안에 환이와 현수가 고개를 끄덕였다. 대학 식당에서는 싼값에 푸짐한 점심을 먹을 수 있다고 한다. 학생 복지 차원에서 그렇게 하는 모양이었다. 그러고 보니 독일 대학은 수업료가 거의 무료에 가까웠다. 웬만한 경제력이 뒷받침되지 않으면 대학 등록금을 내기가 버거운 우리나라와 괜히 비교가 되어서 씁쓸한 기분이 들었다.

연말이라 그런지 거리엔 사람이 별로 없었다. 기차도 한산했다. 슬며시 배가 고파 왔다. 이상하게도 기차를 타면 괜히 출출해지곤 했다. 식당 칸이 있는 기차를 탈 때면 더욱더.

간식이라도 먹을까 싶어서 메뉴를 고르는데, 환이가 메뉴 하나를 가리키며 피식 웃었다.

"이게 맞나? 음악 좀 들어 봐."

아카펠라 음악이었다.

> 오 칠리 콘 카르네 칠리 콘 카르네
>
> 멕시칸 소스를 잊지 마세요 칠리 콘 카르네

　동영상을 보니 음식을 요리하는 과정이 노래와 함께 이어졌다. 음악의 묘한 리듬감과 중독성에 취해 버렸다. 결국 우리는 칠리 콘 카르네를 주문했다. 그러나 음식의 조리 속도는 동영상을 따라가지 못했다. 우리는 내릴 때가 다 되어서야 주문한 음식이 나왔다.

　결국 괴팅겐에 내리지 못하고 사십 분이나 더 달려 하노버까지 갔다가 되돌아왔다. 오로지 칠리 콘 카르네를 먹기 위해서!

세계에서 키스를 가장 많이 받는 소녀

괴팅겐 역 앞에는 자전거만 즐비했다. 학생들이 자전거를 둔 채 고향으로 돌아간 모양이었다. 하긴 연말연시에 대학에 남아 있는 사람은 드물겠지. 주인 없는 대학 거리를 터덜터덜 걸어 중앙 광장에 이르렀다. 거위 치는 소녀를 보기 위해서였다. 《거위 치는 소녀》를 쓴 그림 형제가 이곳 괴팅겐 대학에 교수로 재직했다.

옛날에 한 공주가 왕자와 결혼식을 올리러 먼 나라로 가게 되었다. 공주가 목이 말라 개울에서 물을 떠먹는 사이, 하녀가 공주의 말 '팔라다'와 옷을 훔쳐서 성으로 갔다. 왕자는 하녀가 공주인 줄 알고 결혼식을 올렸다. 성 밖에서 우연히 공주를 본 왕은 거위 치는 일을 하는 소년에게 데려가 그 일을 돕게 했다.

한편, 하녀는 말을 할 줄 아는 팔라다가 진실을 누설할까 봐 두려운 나머지, 왕자를 시켜서 목을 베게 했다. 이 소문을 들은 공주는 팔라다의 머리를 가져와 문에 걸어 두었다. 이를 이상하게 여긴 왕이 공주를 불러 자초지종을 물었다. 결국 진실이 밝혀져 하녀는 끔찍한 벌을 받고, 공주는 왕자와 결혼하여 행복하게 잘 살았다.

"그 하녀가 어떤 벌을 받았는지 아니?"

둘은 또 묵묵부답이었다.

"진실이 밝혀지기 전에 왕이 하녀에게 이런 질문을 한 적이 있어. 왕을 속인 사람에게 너라면 어떤 벌을 내리겠느냐고. 그러자 하녀가 뭐랬는지 알아? '그런 사람은 발가벗긴 채 못을 잔뜩 박은 통에 던져 놓고, 하얀 말 두 마리가 죽을 때까지 이리저리 끌고 다니게 해야지요.'라고 한 거야."

"으~! 너무 끔찍해. 동화가 어쩌면 그렇게 잔혹해요?"

현수가 몸서리를 쳤다.

"옛날 동화들이 전부 그냥 '행복하게 살았습니다~.'로 끝나는 건 아니야. 《신데렐라》에선 언니들이 자기 발을 잘라 가면서 신발을 신어. 《백설 공주》의 계모 왕비는 뜨겁게 달궈진 신발을 신고 죽을 때까지 춤을 추는 벌을 받고."

"어, 그건 안데르센의 《빨간 구두》랑 비슷하네요."

환이가 알은체를 했다.

"응, 알고 보면 비슷한 내용을 가진 동화가 꽤 많아. 그 시대의 영향이랄까. 우리 민담에도 잔인한 이야기도 있고, 야한 이야기도 있잖아. 《콩쥐 팥쥐》도 아주 끔찍한 판본이 있는걸. 마지막에 팥쥐가 형벌을 받고 죽은 다음 항아리에 담긴 채 계모에게 전해졌다는 둥……. 서양

동화나 우리 민담이나 여러 사람의 입을 통해서 전해지는 사이에 많이 순화되고 각색되었을 거야. 음, 잔인하다고 해서 그 동화의 가치가 떨어진다는 건 아니고. 권선징악의 메시지는 시대와 국경을 뛰어넘어 큰 힘을 가지고 있거든."

우리는 거위 치는 소녀의 동상을 물끄러미 바라보았다. 동화 속에서는 공주의 이름이 드러나지 않았는데, 이 동상을 세운 사람들은 공주에게 리젤이라는 이름을 붙여 주었다.

거위 치는 소녀 리젤의 동상 ────

괴팅겐 대학에서 박사 학위를 딴 학생들은 리젤 동상에 키스를 하는 전통이 있다고 한다. 키스를 하기 위해 분수대로 기어 올라가다 떨어지기도 하는 등 이런저런 사고가 있어서 한때는 키스가 금지되기도 했다나.

하지만 그다지 효과는 없었다고 한다. 금지 규정이 금세 흐지부지되었다고 하니까. 하긴 젊은이의 열정과 전통의 힘이 어디로 가랴. 오랜 고생 끝에 학위를 받은 학생들이 고난을 딛고 원래 자리를 찾은 공주에게 보내는 공감의 키스일 테니……. 그래서일까? 소녀상에는 '세계에서 키스를 가장 많이 받는 소녀'라는 별명이 붙었다.

행성을 따라 기차역으로

과연 도시 전체가 대학이라는 말에 납득이 갔다. 저 건물은 뭐지, 하고 보면 무슨무슨 대학 건물, 가정집인데 웬 팻말이 붙어 있나 싶어서 살펴보면 교수 연구실, 바로크 시대의 건물 같아서 슬쩍 다가가 보면 학생 식당…….

그러나 여행객에게 방학을 맞이한 괴팅겐 대학은 그저 고즈넉하기만 했다. 심지어 대학 식당마저 문이 닫혀 있었다. '항공기는 어떻게 나는가'와 같은 과학적 원리를 친절하게 설명해 주는 패널들이 그나마 우리의 목마름을 조금이나마 채워 주었을 뿐…….

그런데 그때 이상한 표지판이 눈에 띄었다.

"이거 뭐야? 토성이잖아."

토성의 모형이었다. 그 아래에는 다른 행성들도 그려져 있었다. 가만히 보니 거리를 행성에 빗대어 그린 지도인 듯했다.

"오호, 이것 좀 봐. 행성을 따라 걸으면 역까지 갈 수 있어."

괴팅겐의 선언들

괴팅겐은 발견과 탐구의 기쁨을 알게 해 준 도시였다. 괴팅겐 대학의 정식 명칭은 설립자의 이름을 따서 게오르크 아우구스트 괴팅겐 대학. 독일 최고의 대학 중 하나로, 대학의 세미나 제도가 바로 이 대학에서 비롯되었다나. 그 외에 인문학은 물론 자연 과학과 의학 분야로도 명성을 떨쳤다.

나중에 현수는 이런 말을 했다.

"모르는 것이 생기면 찾고 묻는 습관이 괴팅겐에 다녀온 후 더 확실해졌어요. 우리나라 학생들의 지식은 온통 '검색 지식'인 것 같아요. 그곳에서 피상적인 지식을 넘어 깊이 탐구하는 자세가 중요하다는 생각이 들었어요."

괴팅겐에 대해 찾아보다가 괴팅겐 7인, 괴팅겐 18인 선언이란 걸 알게 되었다. 1837년, 하노버의 왕 에른스트 아우구스트가 자신의 입맛에 맞게 헌법을 개정하려 하자 일곱 명의 교수가 그것을 비판하며 항의서를 작성했다. 그들이 바로 괴팅겐의 7인이다. 야코프, 빌헬름 그림 형제가 그 7인에 포함되었다. 그래서 하노버주 의회 근처에 그들의 동상이 서 있다고 한다.

괴팅겐 18인 선언이라는 말도 괴팅겐 7인에서 이끌어 낸 명칭이라고 한다. 1957년 4월 12일에 괴팅겐에 있었던 열여덟 명의 핵 연구학자들이 독일의 핵 무장 방침에 반대하며, 이와 관련된 연구에 참여하지 않겠다는 선언서를 발표했다.

그중 한 명이 앞에서 말한 적 있는 하이젠베르크였다. 그는 나치 치하에서 독일 물리학을 지키기 위해 나치에 소극적으로 협조를 했다고 알려졌다. 반대로 핵 연구를 지연시키는 방법으로 소극적 저항을 했다는 평가도 있다.

"이거 십억이란 뜻이니까, 20억분의 1 축적이네요."

아이들은 휴대폰으로 독일어 사전을 뒤적이며 표지판에 적힌 뜻을 풀이했다. 뒷면에는 토성의 크기를 비롯한 여러 가지 정보가 빼곡하게 적혀 있었다.

아마도 천왕성과 해왕성은 반대쪽 어딘가에 자리 잡고 있을 테지. 아쉽게 그 행성들을 찾아 반대쪽으로 가기에는 시간이 너무 부족했다. 그래서 토성부터 시작하기로 했다. 표시된 대로 죽 따라가니, 그다음에는 목성이 나왔다. 이어서 화성, 드디어 지구다!

"아, 지구다! 우리가 사는 지구다. 근데 콩알만 하네? 그래도 화성보다는 큰걸."

지구를 만난 반가움에 이어 크기의 왜소함에 놀라 탄성이 나왔다.

— 태양 모형

우리는 곧 금성과 수성을 지나 태양계의 중심에 이르렀다. 곧이어 태양의 크기를 보고는 다 같이 와하하! 웃어 버렸다. 무등산 수박만 해서였다. 뒷면의 설명을 보니, 무려 지구의 백이십 배 정도 크기라나.

"어릴 때 교과서에서 다 배운 건데, 이렇게 생생하게 실감나긴 처음이에요."

우리를 역까지 이끌어 준 태양계 행성들 덕분에 텅 빈 대학 도시에서 그나마 뿌듯함을 안고서 떠날 수 있었다.

기차를 기다리고 있는데, 환이가 웃음 가득한 얼굴로 말했다.

"아까부터 저게 궁금했어. 다른 역의 팻말에는 지역 이름만 쓰여 있는데, 여기는 뭔가 덧붙여진 말이 있잖아요. 자꾸만 사전을 찾아보게 만드네요. 지식을 만드는 도시, 괴팅겐."

아하! 우리는 지금 지식을 창조하는 도시를 잠시 엿본 거였다.

벤츠의 도시, 슈투트가르트로 출발

다음 날은 슈투트가르트에 잠시 들렀다. 그곳에서는 지식을 체계화하고 생활에 적용하는 독일의 한 단면을 본 것 같았다. 괴팅겐이 지식을 창조하는 도시라면, 슈투트가르트는 그 지식을 활용하는 도시라고나 할까. 풋, 괜히 줄을 잇는 것 같기도 하지만.

슈투트가르트는 바덴뷔르템베르크의 주도이며, 독일 남서부 지역 산업의 중심지이다. 유독 자동차 산업이 발달했다. 우리도 잘 아는 벤츠나 포르쉐 등 유명한 자동차의 본사가 다 여기에 있다. 그래서인지 슈투트가르트는 벤츠의 도시라 불리기도 한다. 기차에서 내리자마자 우리 눈에 띈 것 또한 역사 위에 우뚝 솟아 있는 벤츠 로고였다.

독일에 처음 갔을 때 벤츠나 BMW가 너무 흔해서 눈이 휘둥그레졌다. 하긴 그들에겐 국산 자동차들 아닌가. 흔할 수밖에. 너무나 당연하게도 거긴 택시도 벤츠였다.

"벤츠, BMW, 포르쉐, 아우디, 폭스바겐, 마이바흐……. 독일엔 세계적인 차들이 왜 이리 많은 거죠?"

우리의 과학도 현수의 눈이 또다시 반짝거렸다.

"글쎄, 일단 과학 기술? 철강 같은 자원도 중요할 것 같고."

내 말에 환이가 시니컬한 표정으로 툭 내뱉었다.

벤츠 로고가 선명히 보이는 슈투트가르트 역사

"다 전쟁 때문이지, 뭐."

그러자 현수가 조금 순화해서 말했다.

"제1, 2차 세계 대전에서 무엇보다 기동력이 중요했겠네요."

"슈투트가르트에는 벤츠 박물관이랑 포르쉐 박물관이 있어. 독일 최고의 도서관이 있고. 우리, 어디로 갈까?"

계획은 창대했으나 정작 문을 연 곳은 주립 박물관 한 곳뿐이었다. 바로 새해 첫날이었기 때문! 주립 박물관에선 석기 시대부터 근대에 이르기까지 역사를 한눈에 둘러볼 수 있도록 체계적으로 유물을 전시하고 있었다. 중간중간 체험 코너도 있고, 전시물을 보면서 궁금해할 만한 부분은 따로 설명하는 코너도 있었다.

학교에서 가만히 앉아 수업을 듣기보다 박물관을 며칠 견학하면 생동감 넘치는 지식을 쌓을 수 있을 것 같았다. 눈부신 학문적 업적, 그것을 삶 속에서 실천하는 정신, 생활 가까이에서 지식을 창조하는 자세, 그리고 산업의 발전으로 이어가는 실용 정신이 느껴졌다.

독일에서 가장 아름다운 도서관

　슈투트가르트 도서관은 독일에서 가장 아름다운 도서관으로 꼽힌다. 2013년 CNN에서 선정한 세계에서 가장 아름다운 7대 도서관 중 하나이기도 하다. 놀라지 마시라! 이 도서관을 한국인 건축가 이은영이 설계했다고 한다.

　네 벽면에 영어, 독일어, 아랍어, 한국어로 도서관이라고 새겨져 있다는데, 못 보고 와서 두고두고 아쉬운 마음이 가득하다.

　아쉬운 마음을 달랠 겸 휴대폰으로 도서관 홈페이지를 열어 보았다. 예전에는 마을의 중심점이 교회나 궁전이었지만, 현대 사회에서는 개인의 지식과 경험의 풍부함을 위한 장소가 더 중요해졌기에, 사회가 도서관에 점점 더 많은 의미를 부여해야 한다는 내용의 글이 눈에 띄었다.

　천장 한가운데 뚫린 공간으로 빛이 쏟아져 들어오는 중앙 도서관은 외부와 내부가 만나는 콘셉트로 설계되어 있었다. 다양한 지식이 하나로 융합되는 느낌을 주는 멋진 정경이었다.

　슈투트가르트에 다시 간다면, 아니 어느 지역이든 여행을 한다면 지식을 나누는 장소, 도서관을 꼭 방문해 보고 싶다. 도서관은 지금 환이의 전공 분야이기도 하다.

7

05

인간에 대한 존중을 사상에 담다
마르크스의 고향

트리어

라인강과 함께 깊어 가는 쾰른의 밤

프랑크푸르트에 이어 두 번째 거점은 바로 쾰른이었다. 우리는 오드 콜로뉴의 향기가 넘치고, 라인강 위로 햇살이 빛나며, 높은 첨탑이 푸른 하늘을 이고 있는 광경을 상상하며 쾰른으로 향했다.

우리 숙소에서 조금 걸으면 호엔촐레른 다리였고, 그 다리를 건너면 쾰른 성당이었다. 라인강의 야경을 보기 위해, 쾰른 중앙역에서 다른 도시로 가기 위해, 쾰른 대성당의 위용을 보기 위해 우리는 자주 이 다리를 건너다녔다.

호엔촐레른 다리 난간에는 자물쇠가 잔뜩 매달려 있었다. 자물쇠에서는 연인들의 이름과 사랑의 고백, 큐피드의 화살이 꽂힌 하트 같은 것들이 보였다. 사랑의 자물쇠! 철제 난간에 매달린 채 굳게 잠겨 있는 자물쇠처럼 영원히 변치 않는 사랑을 하자는 약속일 테지.

서울 남산에도 그런 자물쇠들이 주렁주렁 매달려 있지 않던가. 그렇

게 다들 영원한 사랑을 꿈꾸나 보다. 환이와 현수는 부러워하기보다는 신기해하면서 저마다의 사연이 새겨진 자물쇠들을 바라보았다.

쾰른에 도착한 첫날 밤, 숙소에 얌전히 머물러 있고 싶지 않았다. 창문을 열어젖히자 어둠 속에 쾰른 대성당이 우뚝 솟아 있었다. 쾰른의 모든 것을 압도하는 듯이 거대하고 웅장한 모습이었다. 쾰른은 이거 하나로 충분히 완전하다고 하는 것 같았다. 마치 대성당이 있기에 쾰른이고, 쾰른은 대성당이 있어 대단한 도시라는 듯.

다리를 건너 대성당으로 향했다. 그야말로 한밤중의 무모한 도전이

었다. 대성당은 문이 굳게 닫혀 있었다. 우리는 곧 강변으로 발길을 옮겼다. 노래까지 흥얼거리면서…….

> 구름 걷힌 하늘 아래, 고요한 라인강
> 저녁 빛이 찬란하다 로렐라이 언덕

제2차 세계 대전의 폐허를 딛고 경제적 부흥을 이룩한 독일인을 이야기할 때마다 등장하는 '라인강의 기적', 바로 그 라인강이었다. 알프스산맥에서 시작하여 스위스, 독일, 네덜란드 등을 거쳐 북해로 유유히 흘러가는 긴 강이다.

불빛이 영롱하게 비치는 한밤의 라인강은 매우 아름다웠다. 수많은

치명적 아름다움에 빠지다, 로렐라이 언덕

로렐라이는 수많은 독일 사람들에게 예술적 영감을 준 전설이다. 장크트 고아르스하우젠 부근의 라인강 오른쪽 기슭에 솟은 언덕이 바로 그곳이다. 하이네의 시에 질허가 곡을 붙인 노래 〈로렐라이 언덕〉.

리스트의 피아노곡 〈로렐라이〉도 있다. 멘델스존은 완성하지는 못했지만 로렐라이를 모티브로 오페라를 작곡하려 했고, 막스 브루흐는 로렐라이 이야기를 담은 오페라를 작곡했다.

아름다운 처녀가 바위 위에서 머리를 빗으며 슬픈 노래를 부른다. 뱃사람들은 배가 암초에 걸리는 것도 모르고 그 처녀를 하염없이 바라본다. 하이네 시에서 뱃사람들은 그 노래에 빠져 물결이 자기를 삼키는지도 모른 채 파도에 휩쓸린다.

그리스 신화의 '사이렌' 이야기도 로렐라이와 비슷하다. 사이렌은 그리스 신화에 나오는 마녀이다. 몸의 반은 새, 반은 사람인데 아름다운 노래로 뱃사람들을 유혹하여 난파시킨다.

아름답고 슬픈 노래에 빠져 인생의 항해에서 침몰한다고? 우리 삶에는 이렇듯 모순이 있다. 아름다움에 빠져 생명을 잃다니! 그만큼 '치명적인 아름다움'이라는 서로 모순된 어구가 우리 삶의 역설적인 면을 적나라하게 보여 주는 것인지도.

사람의 염원과 전설이 저 물결을 따라 흐르겠지.

강가 식당에 앉아 슈니첼과 엉덩이살 스테이크로 허기를 달랬다. 이런 분위기에서 결코 빼놓을 수 없는 맥주도 한 잔! 쾰른의 밤은 그렇게 라인강과 함께 깊어 갔다.

마르크스의 고향, 트리어

다음 날은 마음이 몹시 바빴다. 두 시간 넘게 기차를 타는 일정이었기 때문이다. 우리의 목적지는 바로 마르크스의 고향 트리어!

내가 이십 대 때는 마르크스가 금지된 이름이었다. 그의 책들은 죄다 금서 목록에 들어 있었다. 대학 입학 후에 읽은 경제사 관련 책들은 마르크스 유물사관의 영향을 받았다고들 했지만, 정작 그의 책은 한 권도 읽어 볼 수가 없었다.

나는 《자본론》을 읽어 본 적 없으면서도 사회와 역사를 바라보는 마르크스의 생각에 일부분 동의했다. 사회의 물질적인 삶의 조건이 우리의 생각과 의식을 결정한다든가, 한 사회의 경제적 토대가 역사 발전의 동인이 된다든가.

마르크스의 고향에 간다니까 대뜸 환이가 검색을 하기 시작했다.

"하나의 유령이 유럽을 배회하고 있다, 공산주의라는 유령이. 구 유럽의 모든 세력들, 즉 교황과 차르, 메테르니히와 기조, 프랑스의 급진파와 독일의 경찰이 이 유령을 사냥하려고 신성 동맹을 맺었다. (중략)

지금까지의 모든 사회의 역사는 계급 투쟁의 역사다. (중략) 공산주의자들은 자신의 견해와 의도를 감추는 것을 경멸받을 일로 여긴다. 공산주의자들은 자신들의 목적이 현존하는 모든 사회 질서를 폭력적으로 타도함으로써만 이루어질 수 있다는 것을 공공연하게 선언한다.

지배 계급들로 하여금 공산주의 혁명 앞에서 벌벌 떨게 하라. 프롤레타리아가 혁명에서 잃을 것이라고는 쇠사슬뿐이요, 얻을 것은 세계 전체다."

"어, 그거 뭐니?"

"공산당 선언이요. 윤리와 사상 시간에 마르크스에 대해 잠깐 배웠는데, 궁금해서 찾아본 적이 있어요."

현실 세계에서 마르크스의 이론은 옛 소련의 몰락과 함께 힘을 잃었지만, 격정적인 어조의 공산당 선언을 막상 귀로 들으니까 한때 이 글이 수많은 사람들의 가슴에 불을 지폈다는 게 이해가 갔다. 이름만 들먹여도 불온한 것처럼 여겨졌던 마르크스의 고향에 가 보는구나! 트리어로 향하는 나의 마음에 묘한 설렘이 일었다.

트리어는 옛 로마 제국의 흔적이 서려 있는 도시로, 기원전 15년 정도에 아우구스투스에 의해 건설되었다. 역에 내려서 주변을 둘러보니, 로마 익스프레스라는 이름의 꼬마 열차(버스)가 있었다.

우리는 트리어의 관문, 즉 로마 시대의 유적 포르타 니그라(검은 문)부터 살펴보았다. 호기심 많은 현수는 위쪽으로 올라가 보겠다고 했다. 나와 환이는 아래에서, 현수는 위에서 서로 손을 마주 흔들었다. 현수는 궁금한 것을 참지 못하는 성격이었다. 바꾸어 말하면, 호기심이 엄청 많았다.

이윽고 트리어 대성당으로 들어섰다. 휠체어를 탄 할머니와 휠체어

궁금한 걸 참지
못하는 현수 →

를 밀어 주는 할아버지가 보였다. 그들은 촛불 제단에 초를 켜고 두 손을 모아 기도를 했다. 울컥! 늙어 가는 두 사람이 그렇게 밀어 주고 끌어 주면서 삶의 온기를 나누는 모습이 무척 아름다웠다. 두 사람은 지금 무엇을 빌고 있을까?

가끔씩 성당이나 절에서 가슴에 뜨끈한 것이 치밀어 오르는 것을 느낄 때가 있다. 자신의 미약함과 결핍을 느끼는 인간의 안타까운 기원……. 삶의 막바지에 이를수록 구원을 향한 갈구가 짙어지는 듯하다. 내가 느끼는 이 뜨끈함은 인간이 공통적으로 지니는 아픔 때문이겠지.

그다음에는 카이저테르멘(황제의 욕장)을 둘러보았다. 이름은 거창하게도 황제의 욕장이었지만, 실제로는 여러 사람이 사용하는 공중목욕탕이었다. 로마 시대의 유적 중에는 목욕탕이 꽤 많다. 로마 제국을 배경으로 한 영화에도 욕탕 장면이 자주 등장한다. 시오노 나나미가 쓴 《로마인 이야기》를 보면, 로마 제국은 상하수도 시설이 매우 잘되어 있었다고 한다. 욕탕이 발달한 것도 그 같은 사회 기반 시설이 잘 갖춰져 있어서라고.

물론 그때는 지금과 같은 수도꼭지는 없었다. 대신에 물을 계속 흐르게 하여 더 깨끗하고 더 위생적이었다나. 기원전 3세기의 웅장한 목욕탕의 잔해 앞에서 나는 어릴 때 즐겨 찾던 목욕탕을 떠올렸다.

"내가 어릴 때는 동네마다 공중목욕탕이 있었거든. 지금처럼 난방이나 온수 시설이 잘돼 있던 시절이 아니어서, 여름이 아니고서는 집에서 목욕하기가 쉽지 않았지. 일요일이면 동네 목욕탕이 미어터졌어. 세숫대야를 서로 차지하려고 난리도 아니었지. 자리 잡으려고 눈치 싸움은 또 얼마나 했게…… 큰 욕탕이 한가운데 있는데, 거기 때가 둥둥 떠다녔거든. 그러면 물이 넘치도록 수도를 틀어 놓고서 긴 막대기로 쓱쓱 밀어서 때를 걷어 내었어."

환이 얼굴이 확 일그러졌다. 하지만 나는 그 시절, 이웃들이랑 아웅다웅했던 일이 떠올라 입가에 미소가 지어졌다.

인류의 문명은 놀랍도록 발전했지만, 또 어떤 것은 이미 오래전부터 완벽한 모습을 갖고 있는 것 같기도 하다. 어쩌면 인류의 기술은 놀랍게 진보하는 것 같지만, 삶의 모습은 그저 제자리 수준인지도 모른다는 생각이 잠깐 머리를 스쳤다. 인간은 살아 있는 한 결핍 속에 있을 수밖에 없고, 그래서 언제나 무언가를 갈망하는 존재인지도.

러시아 혁명의 사상적 토대, 마르크시즘

드디어 마르크스 하우스에 도착했다. 중국 사람들이 많이 찾아오는지 중국어로 환영 문구가 쓰여 있었다. '熱血 歡迎(열혈 환영)'. 마르크스의 가계도와 생애 연보, 당시의 사회적 상황이 전시관마다 죽 이어졌다.

자본주의 사회의 모순을 절실하게 느끼고 새로운 세계를 그렸던 사상가 카를 마르크스(1818년 5월 5일~1883년 3월 14일)의 삶은 고달팠다. 그는 트리어에서 태어나 자란 뒤, 그곳에 있는 프리드리히 빌헬름 김나지움에 진학했다.

마르크스와 엥겔스의 동상

그 후 본 대학, 베를린 대학, 예나 대학 등에서 공부했다. 마르크스의 육십오 년 인생은 한마디로 떠도는 삶이었다. 그의 사상은 독일에서도 프랑스에서

마르크스 하우스

도 벨기에에서도 위험하게 여겨졌
다. 결국 그 모든 나라에서 추방을
당했다. 영국에서 세상을 떠났을 때
는 단 열한 명만이 그의 장례식에
참석했다.

마르크스는 산업 혁명으로 인류
가 엄청난 변화를 겪던 시기에 살
았다. 기계의 발전으로 산업 전반에
변화가 일어나면서 노동력을 필요
로 하는 공장이 우후죽순으로 생겨
났다. 자본을 가진 사람들은 노동자
들을 고용해 이윤을 크게 쌓으며 점
점 부유해졌다.

반면, 노동자들은 아무리 힘들게
일해도 큰돈을 벌기가 어려웠다. 노
동과 관련된 법률이 부족한 상황에
서 노동자들은 제대로 된 휴식조차
취하기가 어려웠다. 점심시간도 없
이 저임금 노동에 시달렸다. 상대적

으로 임금이 싼 어린이 노동자는 잠도 자지 못한 채 매를 맞으면서 일해야 했다.

　마르크스는 이처럼 참혹한 노동 현장을 보고서 가난한 사람들에게 깊은 연민과 공감을 느꼈다. 말하자면 그의 철학은 인간에 대한 애정에서 비롯된 셈이다. 훗날 그는 가난과 방랑의 삶을 살다가 초라하게 죽었다. 그러나 그의 사상은 그의 삶처럼 한구석에서 허무하게 소멸하지 않았다. 마르크시즘은 러시아 혁명의 사상적 토대가 되었고, 사회주의 국가든 아니든 간에 수많은 사상가와 예술가들이 영향을 받았다.

　현수는 그곳에서 깊은 감명이라도 받은 걸까? 독일어로 쓴 《자본론》

을 샀다. 꽤나 두꺼웠다. 나는 읽지도 못할 책을 왜 갖고 다니기 무겁게 사냐고 장난스레 물었다. (실제로 그 책은 비닐 포장도 벗기지 않은 채 오랫동안 책장에 방치되어 있었다.) 그런데 놀라운 일은 현수가 대학에 입학한 후에 독일어를 배우기 시작했다는 거다.

잃어버리면 안 되는 것

쾰른을 떠나는 날, 호텔에 짐을 맡기고 시내를 구경한 뒤 함부르크로 떠나기로 했다.

"오 드 콜로뉴 본점에 가 봐요. 향수가 폭포처럼 넘쳐흐른다고 하던데……."

궁금한 것은 꼭 봐야 하는 현수가 말했다. 다들 향수의 폭포가 어떻게 넘쳐흐르는지 궁금해져서 한번 가 보기로 했다. 그런데 우리는 역시나! 길치였다. 쌀쌀한 날씨에 길을 못 찾아 이 골목 저 골목을 무작정 헤매고 다녔다. 그렇게 돌고 돌아 힘겹게 찾은 그곳은 공사 중!

향수가 폭포처럼 흐른다기에 커다란 놀이공원 같은 걸 상상했지만 조금 번듯한 상점 정도로 보였다. 공사를 마친 지금은 어떻게 변했을지 모르지만. 놀이공원의 분수대처럼 휘황찬란한 자태로 온 사방에 향기를 뿜뿜 뿜어내고 있을까?

아쉬운 마음에 그 근처의 작은 가게에 들러 향수 쇼핑을 했다. 그러느라 시간을 많이 써 버리는 바람에 급히 기차역으로 향해야 했다. 허겁지겁 기차역에 도착했지만, 기차 출발 시각까지 빠듯해서 표를 조정해야 했다. 현수는 짐을 지키게 하고, 나는 환이와 함께 기차 매표소로 갔다.

얼마 뒤 볼일을 다 마치고 현수한테로 다가갔는데, 헉! 가방 위에 놓아둔 노트북이 안 보였다.

"현수야, 내 가방 위에 있던 노트북 어디 갔니?"

현수는 깜짝 놀라 아무 대답도 하지 못했다.

대체 어느 틈에 노트북을 훔쳐 간 거지? 그냥 얹어 둔 것도 아니고 가방끈으로 단단히 둘러 감기까지 했는데……. 노트북 가방이 명품 백과 비슷한 무늬였던 게 문제였나? 노트북 가방은 오래돼서 그리 값나가는 것도 아니었지만, 그 안에는 돈으로 값을 매길 수 없는 숱한 자료들이 담긴 외장 하드가 들어 있었다.

"엄마, 침착해, 침착해."

환이는 멘붕에 빠진 나를 연거푸 달랬다. 현수는 미안해서 어쩔 줄 몰라 했다. 우리는 곧 경찰서를 찾았다. 여간해서는 낯선 사람들과 이야기를 잘 안 나누는 환이가 전 여행 일정을 통틀어 영어를 가장 많이 쓴 날이었다.

　나는 그 옆에서 정신없이 도난 보고서를 썼다. (한국으로 돌아오고 나서 몇 개월 뒤, 독일 경찰서에서 편지를 받았다. 결론은 찾지 못했다는 것이었지만, 신고 사항에 대해 이렇게 끝까지 책임감 있게 처리하는 모습이 감탄스러웠다.)

　지금 와서 돌이켜보면 그다지 큰일도 아니었는데……. 그날의 나는 당황해서 몹시 허둥거렸고, 현수는 오랫동안 미안함과 자책감으로 울적해했다.

　현수야, 인생에서 잃어버리면 진짜로 큰일 나는 것은 별로 없단다. 노트북 가방을 잃어버리고 난 뒤에도 우리의 여행은, 그리고 우리 삶은 꽤 아름다웠잖아! 그거면 된 거 아냐?

세계 3대 성당, 쾰른 대성당

쾰른 대성당을 못 봤다는 아쉬움이 커서였을까? 나는 그다음 독일 여행 때 또다시 쾰른에 들렀다. 기차역에서 노트북 가방을 잃어버린 기억이 있었기에 쾰른 역에 내리자마자 가방을 두 손으로 꼭 붙들었다. 이런, 어느새 쾰른은 내게 도난의 추억이 서린 도시가 되어 버렸다.

성당 앞 광장은 수많은 사람들로 북적였다. 여행객으로 보이는 사람도 많았고, 노숙자처럼 보이는 사람도 많았다. 더러는 위협적으로 느껴지는 사람도 있었다.

어디나 그렇듯, 성당 안은 몹시 엄숙했다. 선명하고 화려한 스테인드글라스가 가장 먼저 눈에 띄었다. 성당의 스테인드글라스를 이해하려면 성경에 나타난 예수의 생애를 알아야 한다. 그의 탄생과 죽음, 부활을 표현하는 섬세한 장면들에 장인들의 노고가 깊게 스며 있으니까.

사실 쾰른 성당은 외관부터 보는 사람을 압도했다. 백육십 미터에 달하는 높이에, 하늘을 향해 치솟아오른 첨탑들은 한눈에 담기가 힘들 정도였다. 육백여 년에 걸쳐 지어졌다는데, 놀랍게도 지금도 곳곳을 보수하고 있었다. 이 성당에는 성경에 나오는 동방 박사 세 사람의 무덤이 있는데, 황금으로 감싸여 있을 뿐 아니라 섬세하고 정교한 세공으로 이름이 높았다.

유럽에 가면 마을마다 도시마다 성당이 있다. 모두 저마다의 전설을 안은 채 당대 최고의 건축물로, 문화유산으로 수많은 사람들을 불러 모은다. 그러나 세계 3대 성당의 하나라는 쾰른 성당에서 명성만큼 특별한 감명을 받지는 못했다. 성당 주변의 흐린 눈빛을 가진 사람들 때문일까? 그들을 향해 정의와 사랑을 펼칠 때라야 비로소 성당의 위엄도 의미를 지니게 되지 않을까?

06

헤라클레스가 굽어보는
그림 형제의 도시

카셀

그림 형제의 흔적을 찾아서

오랫동안 전해져 오는 이야기들을 모아 어린이를 위한 동화집을 만든 그림 형제. 그들이 성장했던 도시 카셀로 향하는 길이었다.

"환아, 너 어릴 때 생각나니? 엄마가 야단칠 때 네가 한 말?"

환이가 네다섯 살쯤 되었을 때였나? 말을 안 듣고 고집을 부리길래 따끔하게 혼을 냈다. 환이가 몹시 서운하고 억울했던지, 마치 연극 대사를 외듯 소리쳤다.

"당신은, 우리, 엄마가, 아니야. 우리 엄마는, 날 버렸고, 당신은, 사실, 계모인 거지."

그즈음 환이와 읽은 동화가 《헨젤과 그레텔》이었던가? 아니면 《백설 공주》? 그것도 아니면 《신데렐라》? 아니, 아니, 《콩쥐 팥쥐》? 어쨌거나 모두 악독한 계모가 나오는 동화였다. 어린 환이에게도 엄마 없이 설움을 겪는 주인공들의 모습이 엄청 생생하게 다가온 모양이었다.

어릴적, 환이

야단치는 엄마가 계모일지도 모른다는 생각을 할 정도였으니까.

"동양이나 서양이나, 계모가 등장하는 동화가 진짜 많네요."

아이들이 고개를 갸웃했다. 정말로 그랬다. 그런데 왜 그럴까?

이 세상에서 엄마는 나와 가장 가까운 사람이다. 엄마는 우리가 기댈 수 있는 최고의 피난처이며 안식처이다. 아직 어린 나이에 그런 엄마가 곁에 없다면 세상살이가 얼마나 두려울까? 그 두려움이 동화 속의 무서운 계모들을 만들어 냈는지도 모르겠다.

어린 시절에는 나도 동화에 푹 빠져 살았다. 동화책을 읽다가 멍하니 천장을 보면서 모든 소원을 들어주는 요술 반지나 요술 지팡이가 있으면 얼마나 좋을지 상상하곤 했다. 산을 넘고 바다를 건너 신나게 모험을 떠나는 장면을 머릿속으로 그려 보기도 했다. 그렇게 동화를 읽으면서 현실의 고통을 극복할 수 있다는 희망을 가졌고, 슬픔과 억울함에서 행복으로 향해 가는 역전의 꿈을 키웠다.

야코프 그림과 빌헬름 그림 형제는 어떻게 해서 이런 아름다운 이야기들을 모았을까? 그들이 성장한 카셀은 과연 어떤 곳일까?

카셀은 프랑크푸르트에서 한 시간 반쯤 걸렸다. 프랑크푸르트에서 고속 열차를 타고 가다가 카셀 빌헬름쇠헤 역에서 내렸다.

역사에 있는 관광 안내소에 들르니, 빌헬름쇠헤 궁전으로 가는 트램을 추천해 주었다. 카셀의 트램들은 알록달록한 그림들로 한껏 치장을 했다. 마치 동화의 나라로 안내하는 꽃마차 같다고 해야 하나!

트램에서 내려 목적지를 바라보니, 너무나 멋진 풍광에 입이 저절로 떡 벌어졌다. 이 도시의 상징이라는 헤라클레스 동상이 아득히 먼 산 꼭대기에 우뚝 서 있었다. 궁전은 산 중턱쯤에 자리 잡고 있었다.

"저 높은 곳까지 가야 하는 거야?"

산은 정말이지 멋스러웠다. 그래서인지 산상 공원 전체가 유네스코 세계 문화유산으로 등재되었다고 한다. 겨울인데도 잔디가 푸릇푸

한국의 그림 형제, 방정환

독일의 옛이야기들을 모으고 다듬어 세계 어린이들에게 꿈과 환상의 세계를 선물하고, 가치 있는 삶에 대해 생각하게 한 그림 형제. 우리나라에서 어린이들을 위해 의미 있는 일을 한 사람, 그러니까 그림 형제에 견줄 만한 사람으로 누구를 꼽을 수 있을까?

소파 방정환이 먼저 떠오른다. 작은 물결이라는 호처럼 아이들을 위한 세상을 여는 물결이 된 분이다. 어린이라는 단어와 어린이날을 만든 방정환은 아동 문화 운동 단체인 색동회를 만들었다. 세계 명작을 번역하고 다듬어 《사랑의 선물》이란 동화집을 출간했고, 우리나라 전래 동화들을 잘 정리하여 펴냈으며, 여러 편의 동화 작품을 썼다. 일제에 저항한 항일 운동가이기도 하다.

그의 작품 중 《만년 샤쓰》는 가난하면서도 늘 당당하고 웃음을 잃지 않는 소년의 이야기다. 윗옷을 모두 벗어야 하는 체육 시간, 선생님은 옷을 벗지 못하는 소년에게 윗옷을 빨리 벗으라고 다그친다. 소년은 이렇게 대답한다.

"만년 샤쓰도 좋습니까?"

만년 셔츠는 속옷을 입지 않은 맨몸을 가리킨다. 그렇게 아픔을 웃음으로 승화시키며 학교의 명물이 된 소년. 소년은 더 허술해진 옷차림으로 눈길을 걸어 등교한다. 자기보다 더 어려운 이웃에게 옷을 벗어 주었기 때문이다. 그러면서도 어머니한테는 옷을 잘 입고 간다고 거짓말을 한다. 그 거짓말이 통하는 건 어머니의 눈이 멀어서다. 이렇게 웃음만으로 승화할 수 없는 아픔이 이어진다. 이렇듯 동화는 모두 환상적이고 낙관적이지만은 않다. 때로는 슬픔이 가득하기도 하다.

룻했고, 부슬부슬 내리는 빗속에서 나무들이 한껏 부드러웠다. 산에서 흘러내린 물이 모여 이룬 연못도 자못 운치가 있었다.

헤라클레스 동상이 만들어진 게 1701년이었다고 하니, 그림 형제도 이 아름다운 자연을 즐겁게 누리며 그 지방의 전설들을 하나하나 발굴했겠지.

카셀의 수호신, 헤라클레스

산길을 오르며 뒤를 돌아볼 때마다 카셀 시내의 정경이 점점 더 아스라해졌다. 빗발이 굵어져서 그런지 날씨가 제법 쌀쌀하게 느껴졌다. 먼저 궁전 안에 있는 박물관을 관람하기로 했다. 마침 신화 관련 전시회가 열리고 있었다.

포세이돈의 흉상, 비너스에게 잡혀온 아도니스, 납치된 안드로메다……. 어릴 때 읽은 그리스 로마 신화의 주인공들이 화폭 속에서 살아 움직이는 듯했다.

헤라클레스는 어쩌다 카셀의 수호신이 된 걸까? 아, 참! 하이델베르크도 헤라클레스를 수호신으로 여겼지. 헤라클레스의 무엇이 그토록 특별한 걸까? 그리스 신화 속에서 가장 힘이 센 인물이기 때문일까?

성격은 불같은 데다 정신이 돌아서 자기 자식까지 죽인 남자. 헤라클레스의 삶은 그리 영화롭지도, 행복하지도 않았던 것 같다. 결국은 부인의 질투로 죽음을 맞이하니까.

그런데도 유럽인들은 헤라클레스를 최고의 영웅으로 숭상했다. 강인한 힘을 지닌 영웅이지만 인생 자체가 시련의 연속인데……. 그 시련을 극복하는 과정이 공감을 불러일으키는 건가?

한스 발둥 그린의 〈헤라클레스와 안타이오스〉가 눈에 띄었다. 자기 자식들을 죽인 죄를 씻기 위해 열두 개의 과업을 수행해야 했던 헤라클레스. 그 과업을 이루면 그는 불사의 신이 될 수 있었다.

헤라클레스는 열 번째 과업으로 괴물 게리온의 소를 훔치다가 안타

이오스를 만난다. 안타이오스는 힘이 장사였고, 땅에 메어쳐지면 다시
새로운 힘을 얻었다.

싸움이 계속될수록 헤라클레스에게는 불리한 상황! 승부가 하루하루 미뤄지자 심부름꾼 청년이 안타이오스를 꺾을 수 있는 비결을 알려 주었다.

헤라클레스와 안타이오스

"장군님께서는 사람이 지는 기쁨과 슬픔과 고통과 분노를 대신 지고 다니신다지요? (중략) 대지에 발을 붙이고 있는 한 아무도 저자를 이길 수 없습니다. (중략) 저자의 발을 대지에서 떨어지게 할 장사가 저희 안에는 없습니다."

다음 날 헤라클레스는 안타이오스를 들어 올린 상태에서 허리를 꺾었다.

완벽하지도, 도덕적이지도, 선하지도 않지만 온갖 시련을 이겨 내고 한 단계 한 단계 성장해 나가는

빌헬름쇠헤 궁전

헤라클레스의 인간적인 모습이 와닿았을지도.

　어느새 헤라클레스 곁에까지 이른 우리는 카셀 시내를 한눈에 바라보았다. 도시는 구름과 안개에 젖어 신비롭고 아름다웠다. 우아! 헤라클레스는 늘 이렇게 도시를 굽어보며 그들을 지켜 주고 있었구나!

그림 형제 박물관에서 생긴 일

산상 공원을 둘러보는 사이에 시간이 한참 지났다.

"이거 큰일이네. 그림 형제 박물관 문을 닫을 시각인데…… 일단 얼

뢰벤부르크성

른 가 보자."

트램 타는 곳까지 가려면 한참 더 내려가야 했다. 다행히도 산 중턱
에 버스 정류장이 있었다. 버스를 타고 산 중턱으로 올 수도 있는 모양
이었다. 괜스레 헉헉거리며 걸어서 올라왔다는 생각이 들었지만, 이제
와 후회한들 무슨 소용이 있으랴. 어차피 이렇게 삽질하는 게 또 여행
하는 묘미가 아니던가.

얼마 안 가, 동화 속에 나오는 것과 똑같은 멋진 성이 보였다. 뢰벤

부르크성이었다! 우리말로 하면 '사자의 성'이라는 뜻이다. 중세 느낌이 물씬 나는 성이었다. 그림 형제가 이 주변에 머물면서 동화집을 쓰고 사전을 편찬했다나. 그러나 이 성에 취해 있다가는 카셀의 주요 목적지인 그림 형제 박물관 근처에도 못 가 볼 것 같았다.

서둘러 그림 형제 박물관의 주소를 들고 신시가지로 들어섰다. 날이 저물어 가는 바람에 어디가 어딘지 분간하기가 어려웠다.

"어, 여기 그림 형제 동상이 있어요."

환이의 말에 오랜 친구를 만난 듯 반가움이 밀려들었다. 하나둘 켜지는 가로등 불빛을 배경으로 그림 형제의 동상이 우뚝 서 있었다. 곧이어 그림 형제 박물관도 찾아냈다.

그림 형제 동상

어찌 된 셈인지, 그날은 관람 시간도 오후 8시까지였다. 이번엔 행운의 여신이 우리 편인가 보다.

우리는 다 같이 신나게 그림 동화의 삽화가 전시된 첫 번째 방으로 들어갔다. 설레는 마음으로 내가 읽은 동화의 삽화를 찾으며 그림 형제의 삶과 그들의 작업에 몰두하려는 순간! 아까 산을 힘겹게 오른 것에 따른 뒤탈이 나타나기 시작했다. 산을 오르면서 음료수와 물을 잔뜩 마셔 댔던 탓에 내장이 요동을 치기 시작했다.

셋의 증상이 비슷했는데, 그중에서도 현수가 특히 더 심했다. 이어

지는 고통에 수없이 화장실을 들락날락……. 대체 박물관을 방문한 건지, 화장실을 방문한 건지 한숨이 절로 새어 나왔다. 그러는 사이에 그만 8시가 되어 버렸다.

우리는 전시실을 하나도 제대로 못 본 채 그곳을 떠나야 했다. 관람료만 치르고 관람은 제대로 못 한 또 한 번의 삽질! 우리는 그때의 아쉬움을 두고두고 곱씹었다. 여행이란 늘 이렇게 우리 삶처럼 예측하지 못한 일들로 가득하다.

풍요로운 도시
책임 있는 삶의 자세를 배우다

뤼베크

한자 동맹의 여왕?

뤼베크 안내 책자에서는 뤼베크를 '한자 동맹의 여왕'이라 표현하고 있었다. 한자 동맹의 여왕? 한자 동맹이 뭐지? 학창 시절, 세계사 시간에 공부하긴 했는데, '한자'가 무슨 의미인지 배운 것 같지는 않다. 설령 선생님이 알려 주었다고 해도 멀고 먼 북유럽 도시들 간의 무역 동맹이 한국의 학생에게 크게 다가왔을 리가 없다.

뤼베크를 여행하면서 드디어 '한자'의 의미를 찾아보았다. 한자는 독일어로 hanse, 친구를 가리키는 말이다. 주변 나라들과 상업적인 이해관계를 같이하며 맺은 협약쯤 된다고 할까.

독일의 오래된 상업 도시 뤼베크는 노벨 문학상 수상자인 토마스 만의 고향이기도 하다.《양철북》의 작가 귄터 그라스도 이곳에서 태어났다. 그 역시 노벨 문학상을 받았다. 노벨상이 문학적 성취의 모든 것을 가늠하는 것은 아니지만, 한 작가의 문학적 역량을 평가하는 세계적인

상이 아니던가. (우리나라에도 드디어 노벨 문학상 수상자가 나타났다!!!)

뤼베크는 세계 문화유산으로 지정된 도시이기도 하다. 제2차 세계 대전 중 많은 건축물이 손상되었다고 하지만, 15세기의 성문 등 역사적 건물들이 곳곳에 남아 있는 아름다운 도시이다.

무게를 견디지 못하고 무너져 가는 문

기차에서 내린 뒤 뤼베크 구 시가지를 향해 걸었다. 강과 운하를 건너 두 개의 다리를 건넌 다음 홀슈타인 문을 지났다.

"어, 문 가운데가 가라앉았네! 디즈니랜드 같은데!"

"헉, 문이 당장이라도 무너질 듯해요."

환이와 현수는 앞다투어 말을 쏟아 냈다. 정말로 문이 무게를 이기지 못하고 가라앉아 있었다. 양쪽 지붕이 워낙 거대하고 육중했다. 이 문은 15세기에 세워졌는데, 도시를 지키기 위한 성벽의 서쪽 성문이라고 한다. 문의 안쪽은 박물관으로 사용되고 있어서 돈을 내야만 입장할 수 있었다.

다리를 지나 트라베강을 건너고 홀슈타인 문을 지나 구 시가지로 들어가며 느낀 인상은 한마디로 '우아함'이었다. 옛 자취가 곳곳에 남아

있지만 뭔가 모를 풍족함이 드러나는 도시, 한때 무역으로 부를 이룬 도시라서 그런 모양이었다.

이곳 뤼베크에 상인 거주지가 형성된 때는 12세기 중엽이고, 북유럽의 해상 무역을 이끌던 시기는 14세기 중엽이라고 한다. 뤼베크의 부의 원천은 소금이었다. 그래서 그 당시 소금은 '하얀 금'이라고도 불렀다. 가만, 소금이 혹시 흴 소(素)에 금 금(金)자를 쓰는 건 아닐까 잠깐 생각을 했지만, 소금은 '소곰'이라는 말에서 비롯된 우리 고유어이다.

뤼베크에는 당시의 소금 창고 건물이 남아 있었다. 소금 길이라 불리는 길도 있었고. 우리나라에도 소금 마을이 있다는 사실을 아는지……. 바로 서울 마포구 염리동! 이름에 소금 염(鹽)자를 쓴다. 말 그대로 소금 마을이란 뜻이다. 예전에 소금 장수가 많이 살아서 그런 이름이 붙여졌단다.

소금은 우리 생활에 없어서는 안 되는 필수품이다. 어느 문명, 어느 나라에서든 귀하게 쓰였다. 그것을 다루는 상인은 한때 큰돈을 벌었다. '일이나 행동이 규모 있고 야무지다'는 뜻의 '짭짤하다'는 말도 소금의 여러 특징에서 비롯되었을지도.

어디로 가면 뤼베크를 한눈에 볼 수 있을까? 시청 광장 한켠에 청동

시청 광장의 뤼베크시 청동 모형

으로 만들어진 도시 모형이 있었다. 그중 성 페트리 교회의 첨탑이 가장 삐쭉삐쭉 솟아 있었다. 교회의 꼭대기에 오르면 도시를 조망할 수 있다고 해서 그곳으로 발을 옮겼다.

도시 전체가 유네스코 문화유산이라더니, 정말로 한 치의 모자람 없이 멋진 광경이었다. 남쪽으로는 대성당이 있었고, 서쪽으로는 도시의 관문인 홀슈타인 문과 소금 창고가 보였다. 북쪽으로는 시청과 선원 조합의 집, 성령 양로원(성령 병원), 그 너머로는 북해가 펼쳐졌다. 동쪽에는 뤼베크 전성기의 생활상을 보여 주는 성 안나 박물관이 있었다.

옛 모습을 고스란히 간직한 빨간 지붕들! 그 순간에 왜 정철의 〈관동별곡〉이 떠올랐는지 모르겠다.

강릉 대도호 풍속이 좋을시고. 절효정문이 골골이 벌였으니, 비옥 가봉이 이제도 있다 할까. (강릉 큰 도시 풍속이 좋구나. 정절을 지킨 아낙네와 효자를 기리는 문이 마을마다 늘어서 있으니 집집마다 어진 사람도 많구나.)

좋은 풍속이라! 뤼베크야말로 좋은 풍속을 지닌 도시인 것처럼 느껴졌다. 오래전에 부유한 상인들이 돈을 모아 만든 유서 깊은 복지 시설, 성령 양로원이 있어서일까.

세계에서 가장 오래된 양로원

뤼베크에서 꼭 가기로 했던 곳은 성령 양로원이다. 13세기에 지어졌다고 하니, 세계에서 가장 오래된 노인 복지 시설 중 하나이다. 우리나라에서 가장 오래된 양로원은 1927년 서울 종로에 세워진 청운 양로원이다. 물론 고려 시대부터 빈민을 위한 구호 제도가 있었지만, 시설

성령 양로원

이 따로 있지는 않았던 것 같다.

성령 양로원의 빨간 벽돌은 오랜 세월의 흔적을 고스란히 담고 있었다. 조심스럽게 문을 열고 안으로 들어갔다. 관광객은 우리뿐이었다. 로비는 옛 성당 같은 느낌이었는데, 중세 시대의 것인 듯한 성화들이 벽에 그려져 있었다. 자원봉사자인 듯 보이는 분이 안내 창구에 앉아 있었는데……. 기분 탓인가? 겸손함과 친절함이 온몸에 배어 있는 듯이 느껴졌다.

건물 한쪽 통로를 개방해 옛날 양로원의 모습을 관람할 수 있게 했다. 작은 방들에는 침대와 옷장, 식탁 등이 있었다. 관람객이 출입할 수 없는 뒤편은 지금도 양로원으로 사용되고 있다나. 의지할 곳 없는 노인들이 인생의 마지막에 잠시 쉬는 두어 평의 방! 그 오래전 부유한 상인들의 기부로 만들어진 양로원! 부를 사회에 돌려주고자 하는 나눔의 정신 앞에서 나와 아이들은 잠시 숙연해질 수밖에 없었다.

환이는 꽤 진지한 표정으로 양로원을 둘러보았다. 아마도 할머니 한 분을 생각하고 있었을 것이다. 혈연이나 법적인 관련은 없으나 가족 어른 한 분과 인연이 있어서 가끔씩 찾아뵙던 할머니. 아들처럼 키우던 친척 아들을 먼저 떠나보내고, 서울 변두리 남의 집 문간방에 세 들어 살면서 강아지 한 마리를 벗 삼아 지내는 분이었다.

그 할머니가 환이를 친손자처럼 여겼는지, 볼 때마다 용돈을 쥐어 주려고 했다. 어느 겨울날 외로움과 슬픔이 가득한 할머니의 모습을 뒤로하고 그 집에서 나올 때, 웬만한 일로는 좀체 울지 않던 환이가 눈물을 뚝뚝 흘리던 모습이 떠올랐다.

빈자의 삶에 이은 부자의 식사

"이 도시가 해상 무역의 거점이라니까, '선원 조합의 집(선원 길드홀)'

선원 조합의 집

이라는 데를 한번 가 볼까요?"

현수가 말했다.

가난한 노인의 삶을 생각하며 숙연해졌다가, 도시의 부를 창출한 선원 조합으로 간다? 뭔가 모순된 것 같지만 그게 또 우리의 삶인지도!

선원 조합의 집은 성령 양로원에서 무척 가까웠다. 16세기에 설립된 선원들의 조합 사무실이었다고 한다. 입구 기둥에도, 앞면 벽에도 배 그림이 있었다. 멋진 범선이었다. 지붕 위에도 배 장식이 보였다.

우리는 호기롭게 그곳으로 성큼성큼 들어갔다. 현관 앞에서는 뱃사람 인형이 우리를 맞이했다. 마치 배 안으로 들어가는 듯한 느낌을 주는 실내 장식이었다.

"와, 저쪽은 배 난간 같아. 마치 우리가 갑판에 서 있는 것 같고."

"근데 왜 이렇게 어둠침침하죠? 날이 저문 것처럼 느끼라는 건가?"

"저기, 저 범선 그림이 조명처럼 비치네? 어, 천장에도 범선이 떠 있어요."

환이와 현수가 번갈아 말했다.

우리는 분위기에 한껏 취한 나머지, 그곳에서 안심 스테이크와 발트 해산 가자미, 비엔나식 송아지 슈니첼에 뤼베크 명물 포도주 로츠폰까지 곁들여 인당 삼만 원 남짓의 부자 식사를 하고 말았다.

부덴브로크 하우스에서 만난 토마스 만

그다음에 찾아간 곳은 토마스 만의 생가인 부덴브로크 하우스였다. 그의 소설 《부덴브로크가의 사람들》에서 나온 이름이다. 《부덴브로크가의 사람들》은 1901년에 발표된 장편 소설로, 그에게 노벨 문학상의 영예를 안겨 주었다. 뤼베크를 무대로 한 가문의 사 대에 걸친 이야기를 담고 있는데, 작가 자신의 개인적 경험이 바탕이 된 소설이다.

오래전에 노벨상 수상 작가라는 타이틀에 이끌려, 그의 소설 《토니어 크뢰거》를 읽은 적이 있었다. 이 작품에도 토마스 만의 체험과 성장이 빼곡하게 담겨 있었다. 그때만 해도 어린 나이였기에, 토니어의 갈등을 잘 이해하지 못했다. 조금 더 나이를 먹고서야 이상과 현실의 갈등, 세속적인 삶과 본원적 가치 추구의 삶 사이의 갈등이 어렴풋이나마 와닿았다.

그런 갈등을 한다는 것 자체가 진정한 삶에 대해 고민하기 때문일 것이다. 우리 주변의 많은 사람들은 그저 현실에 이끌려 살아가는 듯하다. 토만스 만의 삶과 예술은 이 같은 갈등 속에서 점차 그 폭을 넓혀 나간다.

1층 전시실을 둘러보는 동안, 토마스 만의 가계도 소설만큼이나 갈등과 아픔 투성이라는 생각이 들었다. 2층은 그의 집이면서 동시에 부

뤼베크가 낳은 작가, 토마스 만

　　토마스 만은 1875년 6월, 뤼베크의 부유한 집안에서 3남 2녀 중 둘째로 태어났다. 그의 형 하인리히 만 역시 세계적인 작가다. 그의 작품에서 줄곧 보이는 냉철한 시민 의식과 예술가적 열정의 갈등은 그의 아버지와 어머니의 상반된 기질이었고, 두 면모는 토마스 만의 내부에서도 끊임없이 싸웠다.

　　토마스 만은 예술가의 정치적 참여에 대해 부정적인 입장이었다. 또 보수적이고 국수주의적이었기에 진보적인 사상을 갖고 있던 형 하인리히와 갈등할 수밖에 없었다. 그러나 제1차 세계 대전 이후부터 조금씩 달라져 서구의 민주주의 제도를 옹호하는 강연을 하고 글을 썼다. 그의 작품 《마의 산》에는 제1차 세계 대전에 대한 비판과 인류애의 정신이 담겨 있다.

　　그는 1929년 《부텐브로크가의 사람들》로 노벨 문학상을 수상한다. 히틀러 치하에서 독일 국적과 본 대학 명예박사 학위를 박탈당한 후, 미국으로 이주해 1944년에 시민권을 얻었다. 이후에도 정치적 압박을 받은 그는 스위스 취리히로 이주했다가, 1955년에 동맥경화로 사망했다.

덴브로크 가문의 집처럼 느껴졌다. 거실 문에도 소설 주인공의 이름이 쓰여 있었다. 서재처럼 꾸며진 곳은 창틈으로 엿볼 수 있게 되어 있었는데, 토마스 만의 책들과 노벨상 증서 사본 등이 보였다.

뤼베크 시 청사와 달콤한 마르치판

뤼베크의 시 청사는 독일에서 가장 오래된 시청 건물 가운데 하나이다. 13세기 초에 지어지기 시작해 14세기 초에 완공되었다. 팔십 년 가까운 세월 동안 여러 차례 다시 지어지기도 하고 보태어 짓기도 하여, 시대에 따른 다양한 건축 양식을 보여 주고 있다. 로마네스크 양식과 고딕 양식, 르네상스 양식 등 다양한 건축 양식이 혼합되어 있는 독특한 건축물이라고.

우리는 이 역사적 건물을 앞에 두고도 미처 안으로 들어갈 생각을 하지 못했다. 시 청사가 지니는 문화사적 가치를 몰랐기 때문이다. 정말이지 아는 만큼만 볼 수 있는 게 맞는 모양이다.

시 청사를 지날 때 기념비 하나가 눈에 띄었다. 나치에 저항하다 사형 선고를 받은 네 명의 성직자를 기념하는 거였다. 많은 종교인들이 히틀러에 반대하다가 체포되어 엄청난 고초를 겪었다. 세상의 모순과

억압에 저항하는 종교, 이웃의 고통에 동참하는 종교인들은 그 얼마나 숭고한가!

대학 시절, 독일의 목사 디트리히 본회퍼의 《옥중 서신》을 읽었다. '무엇을 따르고 무엇에 저항할 것인가'라는 본회퍼의 질문을 젊은 시절 나 자신에게도 묻곤 했다. 본회퍼 목사는 나치 치하에 행동하는 종교인으로서 저항 운동을 이끌다가 체포되어 사형당하고 말았다.

시청사 앞 기념비에 적힌 네 명의 성직자들도 본회퍼 목사의 말처럼 '미친 트럭 운전사를 보고 기도만 하는 게 아니라 운전석으로 뛰어올라 끌어내리려' 했던 '행동하는' 종교인이었던가 보다.

뤼베크 하면 마르치판이라는 과자도 떠오른다. 마르치판은 아몬드 가루와 설탕으로 만든 과자인데, 카페 니더레거는 이백 년도 넘는 전통을 지니고 있다. 1806년에 세워져 제2차 세계 대전 때 불타기도 했

논쟁의 한복판에서, 귄터 그라스

뤼베크에서 생을 마친 귄터 그라스는 논쟁의 작가다. 그의 삶과 작품은 늘 많은 이야깃거리를 만들어 냈다. 그의 첫 작품은 《양철북》이다. 스스로 계단에서 굴러 난쟁이가 된 오스카의 시각으로 1920년대에서 1950년대에 이르는 독일의 현실을 우스꽝스럽게 그려 냈다.

성인의 지각을 가졌지만 어린아이 같은 오스카를 통해 세상을 일그러진 눈으로 바라보면서 정상 사회의 여러 가지 금기를 건드렸기에 많은 논쟁을 불러일으켰다. 그렇거나 말거나, 《양철북》은 영화로 만들어져 세계적인 주목을 받았으며, 귄터 그라스에게 노벨 문학상의 영예를 안겨 주었다.

그는 독일의 과거 청산을 주장했던 진보적인 작가로, 우리나라 문제에까지 목소리를 높이곤 했다. 한국 군사 정권에 비판적인 해외 지식인으로서 언론에 자주 오르내렸다.

이런 그에게 가장 큰 논란은 나치 친위대 경력이다. 귄터 그라스는 2006년에 펴낸 자서전 《양파 껍질을 벗기며》에서 자신의 나치 친위대 경력을 밝혔다. 17세였던 1944년, 독일 나치스의 무장 친위대에 자원 입대하여 제2차 세계 대전이 끝난 후 미군의 포로 수용소에 수감되었다가 1947년에 석방되었다.

많은 사람들이 그의 고백에 경악했다. 독일 사회 민주당의 일원으로 늘 자유와 민주, 반세계화를 부르짖었던 독일의 지성이었던 그가 육십 년의 세월 동안 자신의 과거를 숨겨 왔으니 말이다. 용기 있는 고백이라며 그를 두둔하는 입장도 있었으나, 자신의 과오를 숨긴 채 정의를 외치던 그의 삶을 위선과 기만이라고 비판하는 입장도 만만치 않았다.

지만, 다시 복구하고 발전해 지금은 뤼베크의 명물로 자리 잡았다.

특별히 마르치판 카페에 가 보겠다든가 먹어 보겠다는 생각은 없었지만, 거리를 걷다 보니 그 마르치판 가게가 눈에 띄었다. 뤼베크 방문객이라면 꼭 들른다는 카페였다. 캐러멜과 비슷한 누가와 다양한 내용물이 들어간 초콜릿 과자도 이 카페의 오래된 생산품이다.

달콤함과 앙증맞음에 반해, 우리도 홀린 듯 여러 가지 모양과 빛깔의 마르치판을 샀다. 이거 한국에 가져가서 선물로 주자, 누구도 주고 누구도 주고……. 그러나 여행 중 한 봉지 한 봉지 먹다가 거의 다 먹어 버리고 말았다.

08

통곡의 홀로코스트
앞에 서다

베를린

베를린의 상징, 브란덴부르크 문

베를린에 가면 꼭 가야 할 곳 제1순위인 브란덴부르크 문. 브란덴부르크 문은 독일의 상징이자 베를린의 상징으로 꼽힌다. 도심 한복판에 우뚝 선 웅장함이며, 기개 넘치는 승리의 여신이 네 마리 말을 이끌고 달리는 조각의 역동성에 탄복하기는 했지만, 추운 겨울인데도 관광객들이 문을 보러 이렇게 몰려들 정도인가 싶기는 했다.

한 장소나 사물이 빛나는 것은 그 자체의 아름다움 때문이기도 하지만 그것이 지니는 의미가 특별해서이기도 하다. 브란덴부르크 문은 역사의 변곡점마다 그 격동의 한복판에 있었던 역사적 유적지이다.

이 문은 프리드리히 빌헬름 2세의 명령으로 1788년에서 1791년에 걸쳐 지어졌다. 그리스 아테네의 아크로폴리스로 들어가는 정문 프로필라이아를 본뜬 것으로, 유럽의 강국으로 성장한 프로이센의 힘을 보여 주는 관문이었다. 그 후 독일과 베를린의 위엄과 영화의 상징이 되

었다.

하지만 패배와 수치의 문이기도 했다. 1806년 10월, 독일은 프랑스에 남부 독일에서 철수할 것 등을 요구하며 전쟁을 일으켰다가 완패하고 말았다. 나폴레옹은 브란덴부르크 문을 통해 베를린으로 들어와 승리 퍼레이드를 벌였다.

나치는 이 문이 있는 운터덴린덴로 거리에서 열병식을 벌여 나치 독일의 힘을 과시했다. 제2차 세계 대전 당시에는 폭격의 피해를 입기도 했다. 수난의 문이었다!

브란덴부르크 문

1961년 베를린 장벽이 세워진 뒤에는 허가받은 사람들만 이 문을 통해서 동·서 베를린을 왕래했다. 이번에는 통곡의 문이 되었다.

1989년 11월, 이 문 앞에 수많은 인파가 모인 가운데 베를린 장벽이 허물어졌다. 바야흐로 극복과 개방의 문이 되는 순간이었다. 이렇게 숱한 영욕과 단절의 세월을 보낸 브란덴부르크 문은 이제 수많은 사람들에게 활짝 열려 있었다.

유대인 학살 추모관에서

베를린에서 단 한 곳만 가야 한다면? 이곳 유대인 학살 추모관에 가 보라고 할 것 같다. 역사적 배경을 잘 모르고 유대인 학살과 직접 관련이 없더라도 인간으로서 뼈아픈 고통에 공감하게 되는 곳이다.

지도를 따라 추모관을 향해 가면 석관처럼 생긴 것들이 잔뜩 보인다. 높고 낮은 콘크리트 비석이 즐비하게 서 있는데 2,711개라는 걸 나중에 알았다. 높이가 다양한 이 구조물의 폭은 1미터, 길이는 2미터 정도로 뭔지 모르게 죽은 사람을 넣는 관을 연상시켰다.

관과 같은 비석들 사이를 지나면서 뭔가 섬뜩한 기분이 느껴졌다. 대학살로 인한 무고한 주검 사이를 걸어 다니는 것만 같았다. 추모관은 그 비석에서 시작하여 지하에 있는 전시관으로 이어졌다.

이것은 실제로 일어났던 일이다. 그렇기에 다시 일어날 수도 있다.
이것이 우리가 말해야 할 핵심이다.

-프리모 레비

추모관에 들어갔을 때 이 글귀가 가장 먼저 보였다. 프리모 레비는
유대계 이탈리아의 화학자로, 1943년 파시스트 민병대에 체포되어
1944년 2월에 아우슈비츠 수용소로 이송되었다. 그는 십일 개월을 아
우슈비츠 수용소에서 보낸 뒤에야 1945년 10월에 그곳을 겨우 벗어
났다. 아우슈비츠에 수감된 사람들의 평균 생존 기간이 삼 개월이었으
니, 그의 생환은 거의 기적에 가까운 셈이었다. 그는 전쟁 후 집으로 돌
아와 수용소에서의 경험을 글로 남겼다.
　나는 유대인 학살의 역사를 고발하는 사진과 글들을 보며 시큰해지
는 눈을 자주 감아야 했다. 가슴에서 뭔가 자꾸만 솟구치는 답답함과
분노에 입술을 깨물었다.
　게시된 사진 중 하나에는 독일과 루마니아 군인들에게 살해당한 유
대인들의 시체가 루마니아의 도심 한가운데 널브러져 있다. 또 하나의
사진은 1941년……. 한 유대인의 옆 머리카락을 자르고 있는 독일 군

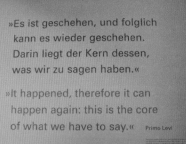

»Es ist geschehen, und folglich
kann es wieder geschehen.
Darin liegt der Kern dessen,
was wir zu sagen haben.«

»It happened, therefore it can
happen again: this is the core
of what we have to say.« Primo Levi

프리모 레비의 글귀(왼쪽)와 유대인들이 남긴 자료(오른쪽)

인들이 웃고 있다. 돌돌 말린 옆 머리카락, 구레나룻은 유대인 남자들
의 전통이었다. 머리카락이 잘린 그 사람은 1942년 폴란드에서 랍비
였던 자신의 아버지와 함께 교수형을 당했다.

수용소에서 이동하던 중 기차에서 사망한 사람들의 시신이 즐비한
기차역 사진, 고된 노역으로 쓰러져 가며 일하는 수용소의 사람들, 총
격으로 대량 학살당하는 사람들, 구덩이에서 죽어 가는 사람들…….
그렇게 학살당한 사람들이 무려 육백만 명이라고 한다. 아니, 그 이상
일 수도 있다.

어떻게 인간이 이렇듯 잔인해질 수 있는 것일까? 나치 당이 어떻게
커졌고, 어떤 사상이 사람들을 사로잡았고 하는…… 모든 설명이 그저
궤변처럼 느껴졌다. 인간이 어떻게 이 같은 집단 광기에 사로잡혀 함
께 범죄를 저지르는 것인지 자괴감이 치밀었다.

프리모 레비의 말이 새삼 와닿았다. 실제로 그런 일이 있었다! 그렇
기에 다시 일어날 수도 있는 것이다! 유대인 학살 이후에도 인류 사회

프리모 레비의 삶이 배어나는 책들

프리모 레비는 이탈리아의 작가이며 화학자이다. 제2차 세계 대전 말에 지하 운동에 참여하다가 체포되어 아우슈비츠 수용소에 수감되었다. 그와 같은 객차에 탔던 마흔다섯 명 중 집에 돌아간 사람은 프리모 레비를 포함해 단 네 명이었다. 프리모 레비는 1947년에 《이것이 인간인가》를 발표했다.

'바닥으로 떨어진 인간', '우리를 동물로 격하시키는 거대한 장치', '잔인하게 모욕에 노출', '인간을 죽이는 건 바로 인간이다. 옆 사람이 가진 빵 4분의 1쪽을 뺏기 위해 그 사람이 죽기를 기다렸던 사람'……. 일상적인 배고픔과 학대 속에서 인간이 얼마만큼 이악스러워질 수 있는지. 그는 '죽음의 수용소에 관한 이야기는 모든 이들에게 불길한 경종으로 이해되어야만 할 것'이라고 이야기한다.

이십 년이 지난 뒤 아우슈비츠에 방문한 프리모 레비는 강제 수용소가 질서 정연하고 인공적인 것이 되었다고 말했다. 그가 머물던 비인간적이고 고통스럽던 강제 수용소가 아니라 박물관이 되었다고.

프리모 레비의 마지막 책은 《가라앉은 자와 구조된 자》이다. 유대인들이 자신의 경험을 점점 더 이야기하기 어려워지는 세태, 그 경험이 점점 잊힐 것이며 또 일어날 수 있다는 우려를 담고 있다. 서경식은 《가라앉은 자와 구조된 자》의 결론 일부를 인용하며 《이것이 인간인가》의 작품 해설을 썼다.

사십 년에 걸친 증언 후에 그의 불안과 절망은 진정되기는커녕 점점 더 심해지고 있었다. 이 문장을 쓴 다음 해, 1987년 4월 11일 프리모 레비는 자살했다.

곳곳에 말도 안 되는 인권의 탄압과 생명의 살상이 있었으니 말이다.
(안타깝지만 우리나라에서도 그랬다.)

이것이 인간인가, 소리 없는 통곡

우리 고전 소설 《최척전》을 읽으며 나는 생각에 잠겼다. 역사책은 단 몇 마디로 역사를 이야기하지만, 그 속에서 살았던 개인의 삶은 참으로 기구하고 파란만장하다고.

《최척전》은 임진왜란 때 포로로 끌려갔던 가족이 여러 나라를 헤매며 갖은 일들을 겪다가 만나는 이야기이다. 실제로 그런 사람들이 많았다고 한다. 하지만 역사의 기록서는 이 파란만장한 이야기를 '임진왜란으로 인해 포로로 끌려갔던 사람들이 많았고, 그들 중에는 여러 나라를 떠돌다가 돌아온 사람도 있다.'고 간단하게 정리한다.

유대인 학살 추모관에는 그 학살의 역사를 고스란히 겪은 사람들의 사진과 그들이 쓴 글, 관련 자료들이 전시되어 있었다. 남편과 함께 유대인 청년 조직을 이끌었던 구스타라는 여인의 글이 시선을 끌었다. 독일 비밀경찰에게 잡혀 구금되었을 때, 화장실 휴지에 이 현실과 싸우겠다는 결심을 적어 숨겨 놓았다. 그때 어렵사리 탈출에 성공했지만

1943년에 다시 체포된 뒤 남편과 함께 살해되었다.

1944년에 에스토니아의 수용소에서 죽은 헤르만은 유대계 폴란드인이다. 1942년의 일기에 나치에 의한 폴란드의 대량 학살을 기록하며 이렇게 썼다.

> 살아남는다 해도 내 삶이 무슨 가치가 있는가? 내 고향 바르샤바의 누구에게로 돌아갈 수 있겠는가? 무엇을 위해 누구를 위해 살아야 하고, 견뎌야 하고, 저항해야 하는가? 누구를 위해……?

온 가족이 수난을 당한 사연도 이어졌다. 가족이 뿔뿔이 흩어지기도 하고, 가족 중 몇을 잃기도 하고, 한 사람만 살아남기도 하고, 일가족 모두가 여기저기에서 학살당하기도 했다.

유대인들은 전통적으로 가족들이 모여서 사는 가족 공동체 문화를 지니고 있다. 자기 땅을 잃고서 수천 년 동안 떠돌아야 했기에 여기저기서 박해를 받았고, 그 박해를 견디기 위해 가족들이 똘똘 뭉쳐 살았던 것이다. 누구에게나 가족은 소중하지만, 유대인에게는 유독 남다른 의미를 지니고 있었을 가족. 그 가족의 해체!

문득 남북 이산가족 찾기 방송을 보았던 기록이 떠올랐다. 1983년 6월 30일에 시작해서 그해 11월 14일까지 453시간 45분에 걸쳐 방송

되었다. 나도 가끔씩 텔레비전 앞에서 가족들의 갖가지 사연에 가슴 아파 하다가 감격스런 만남에 눈물을 흘리곤 했다. 100,952명이 가족 만남을 신청하여 10,189명이 서로 만났다. 이 방송은 유네스코 세계 기록 유산과 기네스북에도 올라 있다.

분단으로 가족을 만나지 못하는 아픔도 크지만, 가족이 이 세상 어느 하늘 아래 살아 있을 거라는 희망도 없이, 인간으로서 최소한의 존 엄도 지키지 못한 채 처참하게 박해받다가 죽어 간 유대인들의 아픔을 뭐라 표현할 수 있을 것인지.

유대인 학살 추모관 앞에서 나온 뒤로 환이와 현수는 아무런 대화도 하지 않았다. 말로 표현하기엔 가슴이 너무 아파서 꽉 막힌 듯했다. 우리는 그곳에서 인간이란 대체 무엇인지, 인간의 역사는 왜 이리 부끄럽고 추한지, 학살과 전쟁은 왜 자꾸만 반복되는지 소리 낼 수 없는 통곡 속에서 묻고 또 물을 수밖에 없었다.

예술가들의 화폭이 된 베를린 장벽

베를린 곳곳에는 아직도 분단의 흔적이 남아 있었다. 체크 포인트 찰리는 베를린 장벽이 생긴 이후, 동서독 사람들이 출입했던 일종의 검문소라 할 수 있다. 신분 검사를 하고 통행을 할 수 있는지 확인하는 조금은 으스스한 장소인 셈이다.

체크 포인트 찰리

우리가 갔을 때는 제복 입은 군인 모델들이 서서 기념사진을 찍어 주고 있었다.

한때는 비극적 역사의 공간이었으나, 이제는 관광지가 되어 버린 곳. 아직도 분단의 흔적을 안고 사는 우리에게는 가볍게 웃고 지나칠 수 없는 곳이지만, 분단이나 내전과 관련 없는 수많은 관광객들에게는 미국 군복을 입은 모델들과 사진 한 장 찍으며 웃음과 악수를 나누는 장소일 뿐이었다.

아, 돈도 나누는……. 사진을 찍고 나서 돈을 받는 걸 보고는 소심하기 그지없는 우리는 가까이 가지도 못했다. 단지 돈이 아깝다기보다는 그런 행동 자체가 어색해서였다.

"초소 앞에서 기념사진이라도 찍고 싶은데, 저분들이 있어서 오히려 더 못 가겠네요."

현수의 말에 나와 환이도 고개를 끄덕였다.

얼마 전에 인터넷에서 뉴스를 읽다 보니, 그 지역 공공 질서 관할 기관에서 모델들이 함께 사진을 찍는 것을 금했다고 한다. 사진 한 장을 찍고 몇 유로씩 돈을 받아, 수입이 많을 때는 하루에 오천 유로까지도 벌었다고.

포츠담 광장 근처에는 팝 아트 작품들이 여기저기 놓여 있었다. 한때 장벽이었으나 지금은 예술가들의 화폭이 된 것이다. 팝 아트 작가들은 전통적인 화폭을 고집하지 않는다. 우리 일상의 물건들이 그들에게는 화폭이 될 수도 있다. 소재도 매우 다양했다. 연예인 얼굴이나 애니메이션 캐릭터 등등. 우리의 눈길을 끈 것은 독재자들을 웹툰처럼 그린 그림이었다.

현수는 그 앞에서 다양한 포즈를 취했다.

"대체 이 사람들 누구니? 김정은만 알아보겠다."

이란 대통령 마무드 아미디네자드, 수단의 오마르 알바시르, 차드의 이드리스 데비, 북한 김정은 위원장의 모습 들이 보였다. 김정은 위원장을 제외하고는 다 모르는 인물인 데다 차드라는 이름의 아프리카 나라는 아예 처음 들어 보았다. 아이들이 인터넷 검색을 해서 정보를 알

려 주었다.

"쿠데타와 장기 집권, 세습 등으로 지도자가 된 인물들이네요. 이란의 마무드 아미디네자드는 2013년에 임기 종료와 함께 퇴진했고, 수단의 오마르 알바시르는 2019년에 반정부 시위대에 동조한 군부 쿠데타로 축출되었다고 하고요."

세계의 독재 정치가 그림 앞에서 또 우리 역사를 돌아볼 수밖에 없

베를린 전체를 조망하는 TV 타워

여행을 다니다 보면 한 도시나 마을을 높은 곳에서 새의 눈으로 쳐다보고 싶어진다. 조감도라는 말이 그래서 나왔다 보다. 대도시 베를린을 한눈에 보려면 베를린 TV 타워를 찾아보자. 368미터라니 백 층이 넘는 빌딩 높이인 셈이다.

해가 기울어지는 시간에 알렉산더 광장에 있는 송신탑을 향해 갔다. 베를린 어디서나 하늘로 쏘아 올린 우주선이 꼬리를 길게 내린 것처럼 생긴 탑을 볼 수 있다. 입장료가 좀 비싸다는 생각을 하긴 했지만 해가 지면서 불빛이 켜지는 베를린을 보는 것은 즐거웠다. 북동쪽으로 8,133킬로미터쯤 가면 서울이라는 팻말을 보며 우리나라와 독일 사이의 거리를 다시 실감했다.

비싼 입장료를 내고 구경하는 바에 그 위층의 레스토랑에서 밥을 먹으면서 보았으면 더 좋았겠다는 생각이 들었다. 그 식당은 남산 타워처럼 조금씩 회전하고 있다고 하니까.

베를린 TV 타워(왼쪽)와 TV 타워에서 내려다본 시내(오른쪽)

었다. 군인 쿠데타가 아닌 국민들의 선거에 의해 그나마 평화적으로 정권을 창출한 지 얼마 안 되었다. 그리고 그 후에도 역사의 격동은 쉽게 잦아들지 않았다.

베를린은 인간의 역사를 생각하게 했고, 우리의 역사를 돌아보게 했다. 그런데 참으로 역설적이다. 장벽 기념관이나 이스트사이드 갤러리처럼 역사의 비극을 안고 있는 곳에서 예술이 피어나고, 지난날 냉전의 흔적이 이제는 예술의 소재가 되다니.

우리는 못 가 봤지만 베를린 박물관 섬의 여러 박물관이나 베를린 필하모니 등 우리의 영감을 자극하는 명소들이 베를린의 자부심에 한몫하고 있다. 그러고 보면 베를린은 젊은 예술가에게 영감을 주는 도시인가 보다.

09

사회의 변화를 꿈꾸는
사람들의 언어

라이프치히

바흐의 발자취를 따라

　라이프치히의 첫 목적지는 음악의 아버지 바흐의 자취가 남아 있는 성 토마스 교회였다. 바흐는 이십칠 년간 성 토마스 교회의 지휘자였고, 라이프치히에서 생을 마감했다. 토마스 교회 앞에는 바흐의 동상이 있었고, 교회 안에는 그의 묘지가 있었다.

　위대한 음악가들이 어떤 조건 속에서 무슨 마음으로 창작을 했는지 알 수는 없다. 음악에 심취해 특별한 영감을 받고 순수한 마음으로 창작을 했는지, 쓰지 않고는 배길 수 없는 뜨거운 열정으로 악보를 그렸는지, 타인을 향한 사랑과 위로의 마음으로 선율을 만들었는지, 그건 모르겠다. 바흐는 자식이 많아 늘 돈에 쪼들려서 수많은 곡들을 썼다고 한다.

　도스토옙스키도 도박 때문에 빚을 지고 그것을 충당하기 위해 또는 도박을 하기 위해 허겁지겁 글을 썼다고 하지 않는가. 우리나라의 어

멈추지 않는 여행 중입니다.

느 배우가 "생계를 위해 일할 때 가장 연기가 잘된다. 나는 생계형 배우다."라고 말했을 때 수많은 사람들이 박수를 보냈다. 우리 모두 나날의 생활이나 생계에서 자유로울 수 없다. 그것이 우리 삶에서 지극히 중요한 일이라는 데 모두 다 공감하기 때문일 것이다.

작가의 의도와 창작의 조건이 어떠했든 간에, 심신이 지친 날 바흐의 음악을 듣고 있노라면 역시 시대와 공간을 뛰어넘어 인간에게 위안을 주는 예술이라는 생각이 들곤 한다.

토마스 교회 안에는 바흐가 쓰던 오르간 외에 그것을 재현해 낸 새

성토마스 교회의 바흐 동상

오르간도 있었다.

보통 교회의 스테인드글라스에는 성경의 인물이나 일화가 담겨 있게 마련이다. 그런데 이 교회의 스테인드글라스에는 한가운데에 바흐의 얼굴이 있었다. 그리고 그의 묘지도.

물론 가장 중요한 것은 '음악의 아버지'라는 칭호도, 오르간도, 스테인드글라스도 아닌 그의 음악이지만. 그의 음악이 있기에 다른 것들도 의미를 띠는 것이니까.

본질이 아닌 것들

토마스 교회 바로 앞에 바흐 박물관이 있었는데, 안으로 들어가 보니 바흐가 쓴 악보를 비롯해서 그의 가족이 쓰던 악기 등이 전시되어 있었다.

그런데 마침 연주회를 한다고 했다. 입장료는 2유로. 주말이면 박물관에서 작은 음악회가 열리는 모양이었다.

언어는 통하지 않아도 음악이 공감대를 형성해 주겠지, 생각하면서 입장권을 샀다. 그러나 음악회는 생각보다 편하지 않았다. 목관 악기 연주회였는데, 그 악기들은 16~17세기쯤 사용되었던 것들인 듯했다.

사회자가 독일어로 악기와 연주 내용을 설명했다. 연주회 청중은 대부분 연주자의 지인들인 것 같았다. 목관 악기의 깊은 음색과 선율은 듣기 좋았지만, 두꺼운 점퍼에 더러워진 운동화를 신고 여행자 티를 풀풀 내면서 낯선 사람들 틈에 앉아 있자니 뭔가 좀 어색했다.

바흐 박물관

　나중에 음악을 좋아하는 환이에게 물어보았다.

　"그때 바흐 박물관 콘서트에서 뭔지 모르게 좀 불편했어. 음악은 좋
았는데도 말이야. 그 음악을 온전히 느끼기가 힘들었거든. 너는 안 그
랬니?"

　"뭐, 힘들다든가 어색하다든가 그런 생각은 딱히 안 했는데. 엄마가
음악만 들은 게 아니라서 그런 거 아닐까요?"

　그랬다. 나는 오롯이 음악만 들은 게 아니었다. 그 음악회의 설명을
못 알아듣는 것에 자꾸 신경이 쓰였고, 멋진 복장의 사람들 틈에서 내

옷차림이 껄끄러웠다. 백인들 사이에서 초라한 동양인으로 비쳐질까 봐 내내 걱정하기도 했다. 왜 이렇게 본질이 아닌 것에 둘러싸여 진정한 것들을 놓치곤 하는지 모르겠다.

베를린 장벽이 무너지듯

라이프치히 성 니콜라이 교회에서는 교회의 역사와 정신을 고스란히 느낄 수 있었다. 이루 말할 수 없는 감격을 느꼈다고나 할까!

니콜라이 교회에는 한글로 된 팸플릿이 있었다. 12세기에 창설되어, 17세기에 고딕 양식으로 증축되었고, 몇 차례 고쳐 지으면서 다양한 미술 양식을 반영했다는 설명이 적혀 있었다. 성 니콜라이 교회는 독일 통일을 앞당긴 평화의 집회로 널리 알려져 있다.

1980년대 초에 시작된 평화의 집회는

성 니콜라이 교회의 한글 팸플릿

매주 월요 평화 기도회에서 비롯되었다. 교회 안에서만 이뤄지던 모임은 1989년에 교회 앞 광장으로 이어졌다. 사람들은 엄청난 폭력을 겪을 수 있다는 걸 알면서도 시위에 가담했다. 어쩌면 생명을 잃을지도 모른다는 생각을 하면서도.

그 인원이 점점 늘어나 10월엔 십만 명이 넘는 사람들이 시위에 참가했다. 1989년 11월 9일에 드디어 장벽이 무너졌다. 그로부터 일 년이 지난 1990년 10월 3일, 독일은 통일을 공식적으로 선포했다.

문득 우리나라에서 매주 수요일 위안부 할머니들과 함께하는 집회가 떠올랐다. 수요 집회의 공식 명칭은 '일본군 성 노예제 문제 해결을 위한 정기 수요 시위'이다. 1992년 1월에 시작되어 천육백 회를 넘겼다. 제2차 세계 대전 당시, 일본이 '위안부'를 모집하여 일본 군인의 성노예로 삼았던 전쟁 범죄에 대해 잘못을 인정하고 제대로 된 사죄를 해야 한다는 주장이 삼십 년이 넘도록 계속되어 온 것이다.

그리고 아주 오래전에 진보적인 성향의 기독교에서 주관했던 목요 기도회도 생각이 났다. 민주화와 인권 회복을 목표로 하던 모임이었다. 나도 그 목요 기도회에 연설자로 참가한 적이 있었다. 학생 운동가도 시민 운동가도 아니었으나, 내 가족이 고통을 당하고 있었기에 뭐라도 해야 했다.

나의 동생, 그러니까 현수의 아버지가 억울하게 구치소에 갇혔을 때

성 니콜라이 교회

부당함을 알려야 한다는 생각에 엠네스티에도 가고, 유인물도 만들었고, 목요 기도회에도 갔다.

동생이 인천에서 금형 노동자로 일했던 시절이 있었다. 그때 어느 공장 노동자들이 노조를 만드는 일을 이모저모 거들면서 응원한 모양이었다. 회사 측에서 고용한 폭력배들이 들이닥쳐 맞서 싸우다가 그들을 도왔다는 이유로 구치소에 끌려갔다. 위장 취업한 대학생이 다른 사업장에 와서 거들었기에 '3자 개입 금지법'을 위반한 범법자가 되었던 것이다.

"현수야, 아빠한테 그 시절 이야기 들었니?"

나는 현수에게 조심스레 물어보았다.

"그때 이야기를 들으면 가슴에서 뜨거운 게 확확 치밀어요. 나도 아무렇게나 살 수 없다는 생각이 들고요."

"아, 참! 네 아빠가 구치소에 갇혀 있어서 면회를 갈 때, 내가 유인물 비슷한 걸 만들어 간 적이 있어. 그 지역 노동조합 사무실 같은 데 갖다 두려고."

그 당시에는 시외버스에서 검문이 있었다. 나는 유인물 때문에 버스에서 내려야 했는데, 헌병들이 나를 젊은 장교 앞으로 데려갔다. 그는 유인물을 살펴보고 나서 몇 마디 물어보더니 그냥 보내라고 했다. 사실 마음만 먹으면 얼마든지 문제 삼을 수도 있는 상황이었다. 그만큼

암울한 시절이었으니까.

나는 그때 그 장교의 눈빛이 잠깐 흔들렸다고 생각했다.

"환아, 아빠도 학생 때 반독재 시위를 하다가 잡혀서 즉결 재판에 넘겨진 적이 있대. 판사가 여자였는데, 몇 마디 물어보고는 그냥 석방시켜 주었다나 봐. 그때는 잡히면 곧장 군대에 끌려가곤 했거든. 그걸 강제 징집이라고 불렀어."

사회가 암울할 때 변화를 꿈꾸며 앞장서 싸운 사람도 있지만, 다 함께 손을 맞잡고 힘이 되어 주는 사람들도 있다. 성 니콜라이 교회의 평화 집회도 그랬으리라.

갑자기 환이와 현수가 숙연해졌다. 그동안 아이들과 부모 세대의 이야기나 더 윗세대의 역사를 함께 나누며 살지 않았다는 걸 불현듯 깨

달았다. 이렇게 여행을 와서야 아이들과 세상살이나 가족의 이야기를 조금이나마 나눌 수 있었다. 한 세대에서 다음 세대로 전해지는 뭉클한 감정 같은 것도.

여행을 하다 보면, 종종 돈이 만국의 언어라는 생각이 들 때가 있다. 그런데 라이프치히에서 다시 생각했다. 음악이, 예술이, 그리고 그릇된 것을 딛고 정의와 사랑을 세우는 인간의 정신이 세계의 언어, 아니 우주의 언어가 되어야 한다고……

독일 문화 속에 우뚝 서 있는 괴테

한 사람의 문화적 영향이 얼마나 커질 수 있을까? 표현이 잘못되긴 했지만 영국 사람들이 "인도와도 바꾸지 않겠다."고 했던 셰익스피어, "천재가 어떤 인물인지 모르는 사람은 미켈란젤로를 보라."는 말을 들었던 미켈란젤로.

우리나라에도 다방면에 영향을 끼친 사람이 있다. 그는 문학가이자 정치가이자 건축가이자 경제학자였으며, 의료 방면에도 연구 업적을 크게 남겼다. 바로 정약용이다. 그의 문화적 영향이 얼마만큼 컸는지 체감하기는 쉽지 않지만, 아직까지 우리나라의 수많은 정치가들은 그

괴테의 단골 식당, 아우어바흐 켈러

라이프치히에는 《파우스트》의 배경이 되었다는 아우어바흐 켈러라는 식당이 있다. 쇼핑몰의 지하에 있는데 괴테의 단골 식당이었다고 한다. 켈러는 독일어로 지하 창고, 즉 포도주나 맥주의 저장실이다. 지하에 있는 식당을 켈러라 부르는 모양이다. 이 식당은 1525년에 개업했다고 하니, 참으로 길고 오랜 역사를 가졌다.

《파우스트》 덕에 세계적으로 더 유명해졌지만, 괴테가 그 식당에 간 것은 아우어바흐를 방문하지 않으면 라이프치히를 본 게 아니라는 오래된 속담 때문이었다. 그러니까 이 식당은 원래부터 유명했던 셈이다.

우리가 갔을 때는 일요일이어서 문을 열지 않았다. 아쉬운 대로 식당 앞에서 《파우스트》에 나오는 인물상들을 구경하는 것으로 만족해야 했다. 악마 메피스토펠레스와 이야기를 나누는 파우스트의 동상이 있었다.

세상의 모든 학문을 두루 익힌 파우스트에게는 채워지지 않는 갈망이 있었다. 그것은 '인식에의 욕구'였다. 인식의 지평을 더 넓히고자 하는 인식욕과 탐구욕 때문일까. 음, 파우스트의 발을 만지면 공부를 잘하게 된다는 미신(?)도 있다.

"환아, 현수야. 파우스트의 발을 만지면 공부를 잘하게 된대."

내 말에 아이들은 피식 웃었지만 둘 다 발을 슬쩍 만졌다. 주변에 있던 몇 명의 한국 관광객도 솔깃한 모양인지 발 앞으로 슬그머니 다가갔다.

우리는 어쩌면 모두 방황하는 파우스트가 아닐까? 나는 어떤 욕망과 욕심을 가졌을까? 내가 갈망하면서 성취하고 싶은 것은 과연 무엇일까? 여러 가지 생각에 잠기게 하는 시간이었다.

가 쓴 《목민심서》를 들고 올바른 정치를 운운하곤 한다.

독일엔 누가 있을까? 커다란 문화적 영향력을 드리운 사람……. 바로 괴테가 아닐까? 라이프치히에서 《파우스트》에 나온 인물상을 본 뒤, 괴테의 도시 바이마르에 들렀다. 이곳에서 괴테가 독일 문화 속에 우뚝 서 있다는 것을 확인할 수 있었다.

바이마르는 18세기 독일의 문화 중심지였다. 그것은 괴테가 있었기에 가능했다. 괴테는 오십팔 년의 시간을 바이마르에서 살았다. 실러도 괴테를 따라 바이마르에서 활동했다.

괴테보다 앞선 시기에는 바흐가 이곳에서 음악 활동을 했고, 리스트도 이곳에서 나고 자랐다. 니체의 자료 보관소도 이곳에 있다.

그런데 아쉽게도 이 중요한 도시를 우리는 제대로 보지 못했다. 눈이 내려 미끌거리는 길을 여기저기 다녀 봤으나, 월요일이라 그런지 문을 열지 않은 곳이 많았다. 실러 하우스도, 괴테 하우스도, 바이마르 성도. 추적추적 눈이 오니 지도를 뒤적거리기도 귀찮았다.

따뜻한 식당에서 몸을 녹이며 늦은 점심을 먹다 보니 시간이 너무 늦었다. 괴테 산장까지 허겁지겁 달렸지만 직원들이 퇴근 준비를 하고 있었다. 우리의 바이마르 여행은 바이마르가 지닌 문화적 향기와 위대함에 비추어 너무나 초라했다. 그러나 어쩌랴. 그런 실수가 우리의 여행, 우리의 삶인 것을.

괴테와 실러의 진한 우정

바이마르 국립 극장 앞에는 괴테와 실러의 동상이 있다. 실러는 독일의 작가로 괴테와 함께 독일 고전주의 문학의 거장으로 꼽힌다. 괴테 동상의 한 손은 실러의 손을 잡고, 한 손은 실러의 어깨를 두드린다. 두 사람의 관계를 상징적으로 보여 주는 모습인 듯하다.

작가로서, 정치가로서, 학자로서 명성과 부를 누린 괴테와 달리 실러는 작품이 영주의 심기를 건드리는 바람에 힘든 시기를 보냈다. 지독한 가난과 병으로 오래도록 고생하기도 했다. 괴테는 바이마르에 온 실러에게 집을 마련해 주는 등 이것저것 세심하게 챙겨 주었다. 둘은 서로의 창작을 격려하며 학문과 사상의 비판자로, 때로는 동반자로 깊은 우정을 나누었다.

실러가 마흔다섯의 나이로 일찍 세상을 떠났을 때, 괴테는 "내 존재의 절반을 잃은 것이다."라며 탄식했다.

괴테와 실러의 동상

10

이것이 독일인가?
유럽 선진국의 진가를 보다

뮌헨

시들해지는 마음을 다잡게 하다, 다하우 강제 수용소

독일인이 살고 싶어 하는 도시 1위, 뮌헨. 뮌헨은 볼거리가 무궁무진한 도시이다. 특히 시 청사가 있는 마리엔 광장은 결코 빼놓을 수 없다. 우리도 가장 먼저 마리엔 광장으로 향했다. 신고딕 양식으로 지어진 시 청사는 광장의 어느 각도에서 사진을 찍어도 한 장에 다 담아내기가 힘들었다. 하늘을 향해 기원하는 듯한 첨탑과 정교한 조각들, 11시 정각에 등장하는 인형의 공연, 거기 모인 사람들의 흥겨움……. 우리 또한 여행객으로 그 즐거움을 맘껏 느껴 보았다.

뮌헨에서는 중세와 근현대를 아우르는 미술 작품들을 마음껏 감상했다. 알테 피나코테크는 근대 이전의 작품들을, 노이에 피나코테크는 근대의 작품을, 피나코테코 데르 모데르네는 현대의 작품을 전시하고 있었다. '알테(alte)'는 '오래된, 옛날의'라는 뜻이고 '노이에(neue)'는 '새로운'이란 뜻, '모데르네(moderne)'는 '현대'라는 뜻이다. 아, 피나코테크는 미술관이다.

궁전과 성당을 돌아보는 것도 괜찮지만, 하루쯤은 '영국 정원'이라 이름 붙은 공원에서 자연과 벗해 즐기는 것도 좋다. 학센과 소시지, 맥주를 파는 맥줏집을 찾아가 보는 것도 뮌헨에서 해 볼 만한 일들이다. 뮌헨에 갈 때마다 그런 흥겨움을 조금씩 누리지만, 내겐 뮌헨이 유독 두 장소로 기억된다. 다하우 강제 수용소와 독일 박물관이다.

다하우 강제 수용소는 두 번 방문했다. 인간과 세상에 대해 시들해져 가는 마음을 다잡게 되는 곳이다. 아이들과 여행을 하는 이라면 어떻게 해서든 그곳에 가 보는 것이 좋을 듯하다. 인간이 얼마나 잔인해질 수 있는지, 그 극한 상황 속에서 어떻게 견뎌 낼 수 있는지를 배워 두어야 한다고 생각하기 때문이다. 그들이 우리의 미래가 되지 않도록 하기 위해, 그 끔찍한 범죄가 다시 벌어져서는 안 된다는 것을 깨닫게 하기 위해.

다하우 강제 수용소는 뮌헨 근교

에 있었다. 다하우 역에 내린 다음, 버스를 한 번 더 타고 가다가 마침내 수용소에 도착했다. 수용소로 가는 입구에 세워진 표지판을 흘깃 보았다.

다하우, 그 이름의 중요성은 독일 역사에서 결코 지워지지 않을 것이다. 다하우는 나치 점령 지역에 세운 모든 수용소를 대표한다.

역사를 잊거나 지워 버리고자 한다면, 그 역사는 왜곡되고 말 것이다. 그러나 이렇게 역사의 증거가 고스란히 남아 있다면 결코 지워지지 않을 것이라는 생각이 들었다.

그런데 왜 다하우 강제 수용소가 나치 점령 지역의 모든 수용소를 대표한다는 걸까? 다하우 강제 수용소는 1933년 3월 22일에 세워졌다. 독일에 만들어진 최초의 나치 집단 수용소이자 최초로 실험을 위

다하우 강제 수용소의 문. 철망의 글귀는 '노동이 자유케 하리라.'라는 뜻이다.

한 의학 실험실을 만든 곳이다. 이후 많은 수용소들이 다하우를 모델로 삼아 지어졌다. 다하우에 수용되었던 인원은 이십만 명이며, 죽은 사람은 무려 사만 천오백 명이라고 한다.

다하우 강제 수용소 문으로 이어진 몇십 미터의 진입로는 수십 년 전에 수많은 사람들이 밟았던 길이다. 유대인이 대부분이긴 했지만 나치에 반대하는 정치인이나 종교인, 동성애자, 집시 등 나치 정권이 솎아 내고자 했던 사람들도 속속 이곳으로 끌려왔다. 이 길을 걸으며 그 사람들이 느꼈을 불안과 슬픔 등을 헤아리니, 절로 숙연해지는 기분이 들었다. 환이와 현수의 얼굴에서도 웃음기가 점점 사라졌다.

'노동이 자유케 하리라(ARBEIT MACHT FREI).'라는 글귀가 새겨진 철망 문을 열고 눈 덮인 수용소 안으로 천천히 들어섰다.

인류 역사상 최악의 범죄

철조망과 감시 초소에 둘러싸인 수용소 한켠에 사무소로 쓰였던 건물이 서 있었고, 그 양옆으로 수용소 막사들이 있었다. 수용소 막사는 맨 앞의 두 동만 다시 세워져 포로들의 자취를 보여 주었다. 사무소 건물은 이제 전시실로 쓰였고, 그 반대편에는 유대인 예배당이 있었다.

다닥다닥 붙어 있는 침상과 변기들. 그러나 전시물들은 당시의 혼잡함과 더러움, 인간 이하였을 삶의 모습들을 다 보여 주지는 못했다. 그 당시 포로들이 현재의 막사를 본다면, '이렇게 럭셔리하단 말이야?'라고 하면서 어이없어할지도 모른다. 사진 속 막사의 포로들은 서로 몸을 부딪치며 자기 자리를 찾아갔다.

포로들이 일을 하기 위해 줄지어 걸었던 길을 따라 걷다가 철망 쪽으로 갔다. 포로들의 탈출을 치밀하게 막는 철망이었다. 도랑으로 한 차례 막은 다음, 전기 철조망과 가시철조망으로 또 막아 두었다. 그 너머에는 배수로가 있었다.

도랑을 건너 철망 쪽으로 다가가면 초소에서 총이 날아온다. 그 총을 피해 철조망에 몸을 대면 감전되어 타 버린다. 일곱 개의 높은 초소에는 포로들을 감시하는 독일군이 있다. 때로 포로들은 수용소의 고통이 너무 극심하여 차라리 죽어 버리고자 철망으로 돌진했다고 한다.

이곳 수용소에서는 생체 실험도 진행되었다. 1941년부터 독일 군 의사들은 그곳에서 바닷물 실험, 압력 변동 실험, 말라리아 병원체에 노출되는 실험 등 끔찍한 실험을 했다. 이 실험으로 죽어 간 사람들도 꽤 많았다.

문득 윤동주 시인이 떠올랐다. 일본 규슈의 후쿠오카 감옥에서 스물아홉 살의 젊은 나이에 세상을 떠난 윤동주! 그가 남긴 마지막 시는 〈쉽게 씌어진 시〉다.

> 등불을 밝혀 어둠을 조금 내몰고
> 시대처럼 올 아침을 기다리는 최후의 나

그렇게 해방의 날을 기다리던 그는 감옥에서 억울하게 죽어 갔다. 윤동주의 공식 사인은 뇌내출혈이지만, 바닷물을 생리 식염수로 만드는 실험 때문에 죽었다는 주장이 있다. 같은 감옥에 있던 사촌 송몽규는 "주사를 맞았더니 이 모양이다. 동주도 맞았다."는 말을 했다.

실제로 규슈 제국 대학 의학부에서는 1944년에 바닷물을 생리 식염수 대용으로 쓸 수 있는 방안을 다룬 내용을 발표하기도 했다. 규슈 의과대학 교수 다섯 명은 전쟁 후에 미군 포로들을 대상으로 한 생체 해부 관련 재판을 받기도 했다. 제2차 세계 대전 때 중국 하얼빈에 주둔

가스실과 화장장(위), 화장장 표지석(아래)

했던 731 부대의 세균 실험과 약물 실험은 또 얼마나 끔찍했던가.

인간의 잔인함과 흉악함에 대해 깊이 생각하게 하는 곳이 또 남아

있었다. 철망 사이의 문을 통해 우리가 이른 곳은 시체 소각장과 가스

실이었다. 시체가 가득 쌓였던 소각장, 가스가 새어 나오던, 이른바 샤워실의 철망 있는 창문, 그 창문으로 들어오는 빛. 가스실에서 질식해 가면서 그들은 과연 무엇을 바라보았고, 어떤 생각을 했을까?

나, 환이, 현수 모두 아무 말도 하지 않았다. 화장장 표지석만이 침묵 속에서 이렇게 말하고 있었다.

우리가 어떻게 죽었는지 생각해 보라.

인간의 연대, 거기에 희망이 있다

포플러 길을 되돌아 걸어 전시실로 갔다. 전시실 정면에는 가시철조망에 갇혀 신음하는 포로들의 고난을 형상화한 구조물이 있었다. 1996년 작품이라고 한다.

독일에서 나치가 어쩌다 세력을 얻었는지, 히틀러의 반유대주의와 독재 정치가 독일인을 어떻게 사로잡았는지, 역사적 배경을 설명하는 전시물이 있었다.

경제 공황의 여파로 부족해진 일자리, 제1차 세계 대전에서 패배하고 배상 책임을 지면서 훼손된 독일의 자존심. 이런 상황 속에서 독일

다하우 강제 수용소의 전시실 전경

인들은 히틀러와 나치를 지지했다. 히틀러는 유대인에 대한 사람들의 반감을 적절히 이용하면서 방관과 법적 조치, 강제 수용소, 학살 등으로 한 인종을 절멸하려고 했다.

'사람들은 왜 다 함께 잘 살자는 생각을 하지 못할까? 경제적인 침체기가 오거나 사회적인 불안이 생기면 왜 자꾸 희생양을 만들려 들까? 당시 독일인들은 이 끔찍한 범죄를 정말 몰랐을까?'

우리는 잠시 이런 이야기들을 나눴지만 이내 다시 침묵 속으로 빠져들었다. 수용소 포로들은 아침에 집합 명령을 받고 점호를 했다. 아픈 사람도 질질 끌려가 점호에 참가해야 했다.

초창기에는 굶어 죽을 정도는 아니었지만 점점 배급이 줄어들면서 배고픔에도 시달렸다고 적혀 있었다. 가혹한 몽둥이질과 식사 금지 등의 처벌도 이어졌다.

전시 패널에 포로들의 얼굴들이 다닥다닥 붙어 있었다. 다양한 직업과 경력을 갖고 살았던 사람들이다. 포로들이 어떻게 학대당했는지 적나라하게 보여 주는 사진과 설명들을 읽으니, 아우슈비츠에서 포로 생활을 했던 프리모 레비의 책 제목대로 '이것이 인간인가!'라는 탄식이 저절로 새어 나왔다.

포로는 유대인만이 아니었다. 나치에 반대하는 정치가들, 종교인들, 예술인들과 집시까지 무수히 많은 사람들이 이 수용소에서 혹독한 고난을 견뎌야 했다.

한 전시물 앞에서 나는 그나마 잠깐 숨을 돌릴 수 있었다. 〈자기 확신과 연대〉라는 제목의 그림 패널이었다. 나는 그 앞에서 한참을 서 있었다. 해골처럼 마른 포로를 그보다 조금 나은 다른 포

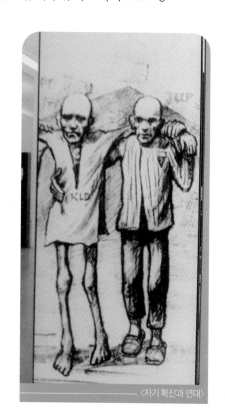

— 〈자기 확신과 연대〉

로가 부축하고 있는 그림이었다. 그 그림이 모든 것을 말해 주었다.

다하우 강제 수용소의 생활 조건 속에서 그들 사이의 확신과 연대
는 생존을 위해 중요한 의미를 지닌다.

강제 수용소의 상황 속에서도 수감자들은 함께 노래하고, 이야기하
고, 굶주린 사람에게 식량을 나눠 주고, 병자를 도왔던 것이다. 그 그림
이 없었다면 나는 얼마나 쓰린 가슴을 부여안고 다하우 강제 수용소를
걸어 나왔을까! 참으로 견디기 힘든 수용소 관람 속에서 그 그림은 그
나마 희망이었고 위안이었다.

독일의 과학 기술을 고스란히, 독일 박물관

독일 박물관은 뮌헨 중심가 마리엔 광장에서 그리 멀지 않았다. 독
일 박물관에 갈 때마다 나는 압도당하는 느낌을 받곤 했다. 사실 내가
무엇을 봤는지는 설명하기가 쉽지 않다. 독일 과학 기술, 아니 인간 과
학 기술의 역사와 증거들을 광범위하게 모아 놓은 어마어마한 보물 창
고라는 느낌이 들 뿐이었다.

　과학도 현수는 물 만난 고기처럼 초롱초롱한 눈빛으로 박물관을 둘러보면서 수백 장의 사진을 연거푸 찍어 댔다. 전기 발생 실험이 진행된다는 이야기를 듣고는 시간에 맞춰 실험실로 달려갔다. 전시물의 설명 패널을 꼼꼼히 읽으며 자기가 학교에서 배웠던 내용을 들려주기도 하고, 새로운 지식의 습득에 설레기도 했다.

　팸플릿을 보니 오십 개 정도의 전시실이 있었다. 전시물도 십만여 점이 넘는다고 한다. 모형에서부터 실물까지 두루 있었는데, 전 세계 과학 기술을 망라하고 있어서 무척 놀라웠다. 원시 시대 작은 연장부

터 현대의 첨단 기술을 역력히 보여 주는 기계들까지, 뗏목에서부터 거대한 함선까지, 열기구에서 초고속 비행기며 우주선까지, 원시 동굴에서 인간의 몸속까지 전시되어 있다. 하나의 전시실을 둘러보는 데도 시간이 꽤 걸릴 듯했다. 광업, 동력, 교통, 의약, 직조, 인쇄, 사진, 식품, 악기, 우주 등등 인간 문명과 관련된 것들을 죄다 알려 주는 것 같았다.

해양 탐험 전시실로 들어가자 원시 시대 사람들이 강을 건널 때 쓰던 지푸라기 배와 뗏목 등의 모형과 사진 설명이 있었다. 나무로 만든 배도 있었는데, 돛단배와 범선을 거쳐 엄청난 크기의 군함, 수송선, 해양 유람선으로 이어졌다. 생생한 실물과 모형, 안내문, 사진 등을 총동원해서 배가 어떤 원리로 움직이는지, 지금까지 어떻게 발전되어 왔는지 상세하게 알려 주었다.

비행 관련 전시실도 차근차근 우리를 우주선의 세계에까지 이끌었다. 뭐 하나 허투루 지나가는 것이 없었다. 방대한 규모와 꼼꼼한 지식의 전달, 흥미를 유발하는 전시작 앞에서 '이것이 바로 독일이구나!'

하고 감탄했다. 역사의 과오를 딛고 자기 역량을 맘껏 발휘하고 있는 모습에서 유럽의 선진국다운 면모를 거듭 발견했다.

공대 진학을 꿈꾸는 현수는 드넓은 과학 기술의 세계 앞에서 흥분을 느끼면서도, 한편으로는 자기가 가야 할 세계가 무한히 넓다는 생각을 하는 모양이었다. 하긴 하루 만에 과학 기술의 역사와 미래를 어찌 다 돌아볼 수 있겠는가?

우리는 곧 악기 전시실로 이동했다. 거대한 비행기나 범선 등을 전시하는 곳에 비하면 시쳇말로 파리를 날리고 있었다. 자원봉사자 할머니는 관람객이 들어오면 몇 가지 악기를 함께 연주하는 일을 하는 모양이었다. 우리가 입장하자마자 의사를 물어보지도 않고 곧장 악기 앞에 앉혔다. 그 덕분에 타악기들이 어우러져 빚어내는 예쁜 화음 속에서 흥겨운 시간을 가졌다.

"나중에 대학에 가면 다시 올래요. 어쩌면 독일에 공부하러 올 수도 있겠네요."

박물관에서 나올 때 현수가 한마디 툭 던졌다.

"독일이 문헌정보학도 발전했다고 하던데."

문헌정보학과 진학을 생각하는 환이도 질세라 한마디 보탰다.

그래, 아이들은 또 다른 모습으로 독일을 찾게 될 것이다. 나도 어떤 이유로든 또 오겠지.

지식인 청년의 고뇌를 그리다, 이미륵

뮌헨 근교 그래펠핑에는 한 한국인의 묘가 있다. 《압록강은 흐른다》의 작가 이미륵. 나는 전혜린의 《그리고 아무 말도 하지 않았다》를 읽다가 그의 존재를 처음 알게 되었다. 1919년 3·1 운동 당시, 경성제대 의대생이었던 그는 전단지를 작성하고 배포하다가 일본 경찰의 수배를 받게 되었다. 일제의 추적을 피해 멀고 먼 독일까지 건너갔다. 1920년 5월의 일이었다.

의학을 공부하다가 동물학으로 전과하여 박사 학위를 받으며 학문에 정진했는데, 독일어로 소설 《압록강은 흐른다》, 《그래도 압록강은 흐른다》 등의 작품을 발표했다. 한시 등을 독일어로 옮기는 일도 했다. 평생토록 고국을 그리워하다가 1950년 3월에 머나먼 타국에서 세상을 떠났다.

참으로 아픈 인생이다. 나라가 기울어 가던 시기에 태어나 철이 들 무렵 일제 강점기를 맞았다. 식민지 조국을 떠나 독일에서 조국의 해방을 기다리며 공부했지만 독일 역시 나치의 독재 속에서 신음하며 전쟁의 포화 속에 있었다.

그가 존경하고 교유했던 뮌헨 대학의 후버 교수가 반나치 운동으로 처형되기도 했다. 제2차 세계 대전이 끝나고 조국의 해방을 맞이했지만 남북으로 갈라진 혼돈의 상태였다. 게다가 그에겐 병마가 찾아들었다.

인터넷을 뒤져 보니 그로스하든 역에서 내려 268번 버스를 타라는 안내가 있었다. 햇살이 비치는 그의 묘 앞에서 나는 식민지 청년의 고뇌, 먼 땅에서 느꼈을 향수, 나치 독일 치하에서의 울분, 해방의 혼란에 처한 조국에 대한 염려, 자신의 몸을 갉아 대는 병마 속에서도 서정적인 글을 쓰며 고결하게 살았던 한 지식인을 추모했다.

돌아와서

여행이 끝나도 삶의 여행은 이어진다

국어 선생님의 한마디 : 삶의 고개를 넘어가며

독일에서 돌아온 뒤, 환이와 현수는 지루한 한 해를 보냈다. 현수는 조기 졸업이 흔한 그 학교에서 3학년으로 일 년을 더 공부했다. 환이는 입시 학원을 좀 다니다가 혼자 공부하다가 하면서 다소 불안한 한 해를 보냈다. 다음 해에는 다행히 둘 다 대학에 입학했다. 환이는 문헌정보학과, 현수는 신소재공학과를 선택했다.

가족들이 한자리에 모일 때면 우리 셋은 독일 여행 이야기로 때로는 배를 쥐고 웃고, 때로는 희미해져 가는 기억의 조각들을 서로 이어 맞

돌아와서 177

추었다. 다른 가족들이 "아직도 독일 여행 이야기를 하냐?"고 면박을 주어도 우리끼리만 아는 이야기를 꿋꿋하게 해 대어서 눈총을 받기도 했다.

현수는 대학에 들어가 독일어 초급 강의를 들었고, 하이젠베르크의 자서전이라 할 수 있는 《부분과 전체》를 읽었다. (괴팅겐에서 이야기했던 과학자다.)

"현대 물리학의 불확정성 원리를 어떻게 발견하게 되었는가를 얘기해요. 아인슈타인과의 만남도 담겨 있고. 코펜하겐에 가서 닐스 보어와 한판 붙은 이야기도 나와요. 제2차 세계 대전 후에 괴팅겐 대학의 교수로 일하면서 18인 선언에 참가했는데요. 학문의 발전과 정치적 입

장 사이에서 고뇌가 많았을 것 같았어요. 여행 전에 이 책을 읽었으면 괴팅겐이 더 생생하게 와닿았을 거예요."

환이는 괴테 하우스에서 육 개월 동안 독일어를 배웠다. 환이의 책장에는 《이탈리아 기행》과 《파우스트》 같은 책들이 하나둘씩 늘어 가기 시작했다.

아이들은 지금 이십 대 아리랑 고개를 구불구불 넘어가고 있다. 학점에 시달리는 대학 생활, 스스로 꾸려 가야 하는 미래에 대한 불안 등을 겪으면서…… 나 역시 우리 세대에게 주어진 책임과 한계를 느끼면서 내 고개를 힘겹게 넘어가고 있다. 그것이 또 우리 삶의 여행이 아닐까.

환이의 한마디 : 지칠 때 위로와 격려가 되는 추억

독일 여행을 돌이켜 보면 일단 부끄러움이 먼저 찾아든다. 그때의 내 행동이나 사고방식은 부끄럽지 않은 게 없다. 고등학교를 갓 졸업한 나이면 어른이라고 봐 주기는 힘들어도, 더 이상 어린애라고만은 할 수 없다. 그런데도 그렇게 멋대로 굴었던 것은 계속 부끄러워해야 마땅한 일이다.

수능 시험을 망쳤다는 것은 고3에겐 가장 큰 좌절이다. 그 전까지만 해도 막연하게 어떻게든 되겠지, 안일하게 생각하고 있던 나에게 찾아든 좌절은 상상 이상으로 큰 것이었다. 객관적으로도 충분히 안타까운 상황이었을지도. 그렇다고 여행 기간 내내 일행들에게 툴툴대면서 불평을 늘어놓은 일은 옳지가 않다.

그때 어머니가 했던 말씀처럼 '세상의 모든 슬픔을 짊어진 것처럼' 행동하는 것이 언제나 용인되는 것은 아니다. 여행을 다녀오고 나면 매번 이렇게 놓친 것들에 대한 아쉬움이 남는 것 같다. 그것이 풍경이든 감정이든…….

부끄럽고 아쉬운 만큼이나 내 마음속에 남아 있는 여행의 기억들은 하나하나 소중하게 느껴진다. 특히 현수와 함께 여행할 수 있었던 건 큰 행운이었다. 과학고를 다닐 만큼 머리가 좋고 참신한 사고를 할 줄 아는 현수는 생각지도 못한 관점을 내게 종종 일러 주곤 했다.

나도 어머니도, 흔히 말하는 뼛속까지 문과적인 사람이었기에 이과적이라 할 수 있는 현수의 시각은 매번 신선했다. 그리고 가끔씩 엉뚱한 행동으로 빚어내던 해프닝은 지금까지도 잊지 못할 이야깃거리가 되었다. (여행 온 게 신난다고 하늘 보고 걷다가 똥을 밟는다든지, 거지를 붙잡고 거래한답시고 한참 동안 말씨름을 한다든지, 갑자기 사라져서 깜짝 놀라 찾아보면 체육실에 있다든지…….)

무엇보다 같은 상황에 처한 또래의 입장에서 서로 공감할 수 있는 부분이 많아서 좋았다. 현수의 모습을 보면서 스스로 반성하게 되는 일이 많았다. 그 덕분에 여행이 끝나 갈 무렵에는 더 밝은 얼굴로 지낼 수 있었던 것 같다.

여행은 이후의 삶에 재료가 되어 준다. 여행의 경험을 토대로 언어의 중요함을 실감하고는 한동안 독일어를 배웠다. (몇 달 동안 괴테 하우스에 다니며 기본적인 독일어 회화를 배웠는데, 그 후로 독일어 책을 보면 아는 단어들이 눈에 들어와서 무척 신기했다.)

그리고 대학을 다니는 동안 다양한 수업을 들으면서 독일과 관련된 내용을 적잖이 접했다. 그럴 때면 독일 여행의 경험을 바탕으로 이것저것 찾아보고 이해하는 재미가 쏠쏠했다. 지금도 여행에서 겪었던 일들과 그때의 생각들이 내 삶을 지탱하는 데 유용하게 쓰이고 있다. 힘들거나 지칠 때 아주 큰 위로와 격려가 되는 추억이다.

지금도 독일에 다녀왔을 때를 생각하면 웃음이 비어져 나온다. 유별나게 사건 사고를 많이 몰고 다니는 나를 보며 가슴 졸였을 고모와 환이 형에게 무척 미안하다는 생각이 든다. (음, 내 딴에는 눈치도 꽤나 봤다. 살짝 사고뭉치 캐릭터 같아서.ㅋ) 한편으로는, 아마도 앞으로의 내 인생을 통틀어서 또 해 보기 힘든 한 달간의 독일 여행에 데려가 주어서 정말로 감사한 마음이 들었다.

여행을 떠날 당시, 지원했던 대학에 모두 서류 탈락을 한 참이어서 한동안 망연자실해 있었다. 내 마음도 몰라주고 공부에 대한 조언만 늘어놓는 부모님에게 울면서 소리를 지르기도 했고, 먼저 졸업하는 친구들의 SNS를 보고 나의 처지와 비교하면서 한없이 침울해하기도 했다. 그렇게 우울하고 심란한 와중에 여행을 가게 되어서 불안한 마음이 들면서도 후련한 기분에 감싸였다.

아니나 다를까, 유럽에 도착하자마자 새로운 음식과 멋진 고속 열차, 낯선 풍경에 마음이 들떠 이곳저곳 사진을

독일 여행

찍으러 다니기 바빴다. 이 년간 매일같이 함께했던《수학의 정석》대신 독일 여행 가이드북을 손에 들고 다니면서, 수험생이었던 사실을 까맣게 잊어버린 채 더 넓은 세상을 구경하며 잠시나마 마음의 짐을 내려놓았다.

많은 것을 보고 많은 생각을 했다. 몇몇 가지 사고가 발생하기도 했다. 내가 저지른 자잘한 사고에 자책하며 침울해하기도 했는데, 그럴 때마다 입시에 실패한 나 자신을 돌아보게 되었다. 또 독일의 번듯한 시설과 오랜 역사를 지닌 문화재를 보면서 우리나라와 비교하는 시간을 갖기도 했다.

한 달 동안의 여행이 쏜살같이 지나가고 다시 학교에 돌아온 후, 야간 자율 학습과 대학 지원서 제출, 면접 준비 등등 입시 준비가 다시 똑같이 반복되었다. 대신에 아무런 의심 없이 시작한 처음과 달리, 정말로 내가 절실하게 하고 싶은 일이 무엇인지, 또 내가 잘할 수 있는 일이 무엇인지 고민해 볼 수 있어서 처음처럼 어렵게 느껴지지 않았다.

그 전에는 물리학과 진학을 꿈꾸었지만, 신소재공학을 전공하게 되었다. 나의 우상이었던 에르윈 슈뢰딩거, 베르너 하이젠베르크와 같은 물리학자들과는 거리가 먼 실험가의 길을 가게 된 셈이다.

과학 이론을 찾아 공부하는 것도 좋지만, 새로운 기술을 통해 인류의 삶에 더 큰 도움을 주고 싶다는 기대를 품고 공대에 진학했다. 어쩌면 독일 박물관에서 보았던 공학의 힘에 매료되어 생각을 바꾸게 되었는지도 모르겠다.

여행 중에 중간중간 들었던 책의 제목이 머릿속에 남아 이후에 대학 도서관에서 찾아보았다. 헤르만 헤세의 《데미안》, 《싯다르타》, 《수레바퀴 아래서》, 괴테의 《파우스트》, 《젊은 베르테르의 슬픔》, 빅터 프랭클의 《죽음의 수용소에서》 등을 읽으면서 여행 중에 보았던 괴테의 생가나 헤르만 헤세의 고향 칼프, 그리고 다하우 강제 수용소의 비좁은 막사와 가스실을 떠올렸다. 그렇게 나는 독일을 다시 만났다.

지금 와서 돌아보면 대학 입시도, 진로를 정할 때도, 실패를 경험하고 그 실패를 극복하면서 오히려 한 걸음 더 성장할 수 있는 기회를 얻었던 것 같다. 제2차 세계 대전에서 패배한 독일도 자신들의 잘못을 반성하고 곱씹으며 더 바람직한 나라가 되기 위해 고민한 결과, 빠른 속도로 산업을 발전시키고 분단의 아픔을 극복하고 통일을 이루며 지금의 독일로 성장하지 않았던가.

독일 기차에서 먹은 햄 치즈 바게트를 떠올리며 가끔씩 햄 치즈 토스트를 사 먹곤 한다. 아무래도 그때의 맛을 똑같이 느끼지는 못한다. 그래서 더더욱 그때밖에 할 수 없는 정말로 멋진 여행이었다는 생각이 든다.